美国科学问答

美国中学生
课外读物

美国家庭
必备参考书

1000个心理学知识

人是如何发育的

THE HANDY PSYCHOLOGY ANSWER BOOK

人的一生心理发育过程是怎样的
在心理学成为一门独立的学科之前人们是如何认识人的行为的
大脑如何影响人们的行为

[美] 丽莎·J.科恩 /著

刘淑华 /译

U0781267

上海科学技术文献出版社
Shanghai Scientific and Technological Literature Press

图书在版编目（CIP）数据

人是如何发育的：1000个心理学知识／（美）科恩著；刘
淑华译．—上海：上海科学技术文献出版社，2015.6
（美国科学问答丛书）
ISBN 978-7-5439-6655-0

Ⅰ．①人… Ⅱ．①科… ②刘… Ⅲ．①心理学—通俗读
物 Ⅳ．① B84-49

中国版本图书馆 CIP 数据核字（2015）第 088650 号

图字：09-2012-247

总 策 划：梅雪林
责任编辑：张　树
封面设计：周　婧

────────────────────────

丛书名：美国科学问答
书　名：人是如何发育的
[美]丽莎·J.科恩　著　刘淑华　译
出版发行：上海科学技术文献出版社
地　　址：上海市长乐路 746 号
邮政编码：200040
经　　销：全国新华书店
印　　刷：常熟市人民印刷有限公司
开　　本：720×1000　1/16
印　　张：16.5
字　　数：278 000
版　　次：2016 年 1 月第 1 版　2018 年 7 月第 3 次印刷
书　　号：ISBN 978-7-5439-6655-0
定　　价：38.00 元
http://www.sstlp.com

前　言

从孩提时代起，我就对心理学如痴如醉。我想知道是什么原因能让人们去做想做的事，在他们行为的背后有着怎样的故事。我想剥去思维的外衣，去看看大脑这架机器。多年以后，我仍然醉心于心理学这门科学。心理学是人类一切行为的基础。我们为何会有这样的思维方式、感觉方式和行为方式？我们爱、恨、吃饭、工作和舞蹈的方式为何如此？我们的1.36千克（3磅）重的大脑如何造就了如此不可思议而又复杂的人类行为？我们的心理在多大程度上归因于基因？又在多大程度上归因于环境？这些问题每天都要在全美国乃至全世界数以千计的实验室和咨询室中被提出。如今，我们比以往任何时候都更接近这些古老问题的答案。虽然，我们并没有揭示人类大脑全部的非凡的秘密，但毫无疑问的是，我们能够掌握——甚至已经掌握了——关于我们思维过程的大量信息。此外，这些发现还能够帮助数以百万的人减轻痛苦、提升他们的生活质量。

有趣的是，在过去，公众对于心理学界的主要人物颇为了解。50年前，任何一个普通的路人都可能对西格蒙德·弗洛伊德（Sigmund Freud）、伯尔赫斯·弗雷德里克·斯金纳（Burrhus Frederic Skinner）和让·皮亚杰（Jean Piaget）的喜好津津乐道。人们曾一度十分理解心理学领域的重要性及其与日常生活的联系。在当今时代，大多数人对心理学领域贡献的认识还远达不到一般程度。也许心理学——即心理的科学学科——已经成为心理学其自身成功的牺牲品。当然，脱口秀节目和杂志通常也有很多心理学话题。菲尔博士（Dr. Phil）、劳拉博士（Dr. Laura）和乔伊斯博士兄弟（Dr. Joyce Brothers）也因此家喻户晓。但我认为，如今大众心理学的娱乐价值已经超过了对这项严肃科学的理解。

与此同时，心理学在学术界也泛滥成灾。心理学出人意料地成为大学生和研究生追捧的流行专业。但在大学里，该领域的严肃性要远远大于其内在的娱乐价值。因此，心理学现在已经分为两部分：一是具有娱乐性质但不严谨的通俗心理学；二是严肃且非专业人士不易理解的学术心理学。

本书采用了一种折中的方式，提供了既对公众有吸引力又便于理解的精确的科学观点。

本书采用问答的形式来组织。每个问题在一至两个自然段的篇幅内完成回答，其目的就是将复杂的话题拆成零散的观点。书中的问题均经过精心筛选，以叙述的形式进行回答，使你可以随时开卷浏览。如果你愿意，你可以从头到尾阅读本书。当然，你也可以随意翻阅，从特别吸引你的问题开始阅读。

写作本书时，我采用了为其他专业期刊撰写科学文章时使用的科学标准，并力图在书中只呈现有坚实事实作为依据的结论。在专业论文中，你会在行文过程中引用原始资料，也就是你获得这些信息的出处。尽管出于科学的严谨性这么做十分必要，但如果仅是泛泛的阅读就不必苛求了。

本书的目标阅读群体是普通大众。任何对心理学有一点兴趣的读者都可以拿起这本书，更多地了解这一领域。你在大学学过心理学吗？你始终对心理学感兴趣吗？你自己或者你的家人有过心理问题吗？你会考虑在心理健康领域开创自己的一番事业吗？或者你仅仅是在惊讶人们为何会有这样或那样的行为方式？那么，这本《人是如何发育的》就是你的最佳选择。

无论你出于什么原因拿起这本书，我希望当你掩卷时，你能对心理学的迷人之处及它在日常生活中带给我们的重要意义有着更深刻的理解。

〔美〕丽萨·J. 科恩博士

目录
CONTENTS

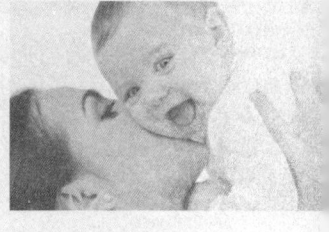

目录

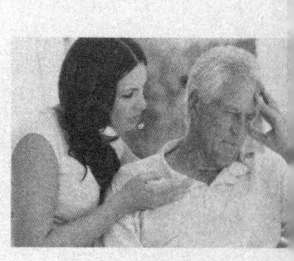

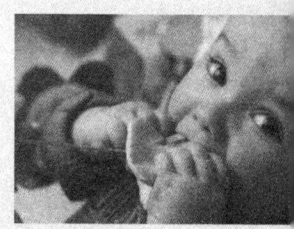

Contents

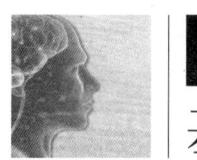

一 基础知识简介

基 础 知 识

▶ 什么是心理学?

心理学是对大脑和行为的系统研究,它涉及的范围极其宽泛,其中包括动机和信息处理问题、正常行为和变态行为、心理健康和精神疾病、个体和群体以及在他们特定的生活环境中有何种心理机能的人。

▶ 心理学与日常生活有何联系?

心理学与日常生活的各个方面密切相关。心理学的问题涉及我们爱、折磨和欲望的方式与原因,与我们如何养育孩子紧密相连,同时也探究我们工作如何成功或失败以及其原因是什么。同时,心理学也让我们了解人们为何对名人痴迷、为何对他们的婚姻经常失败的原因高度关注。当然,心理学有时候看起来可能十分抽象,其隐含的意义会触及人类思维、感觉和行为的各个方面。

▶ 心理学与生物学和社会学如何相互影响?

人类的大脑不能独立工作,它只能在生物基础上并在社会条

件下才能发挥作用。因此,心理学是生物学——特别是大脑生物学——和研究群体行为的社会学的接合点。

▶ 心理学家的工作是什么?

心理学包含一个非常广泛的领域,不但要进行科学研究,还要对研究成果加以实践应用。心理学家要承担科学家、临床医生、教师、作家、咨询师和评价者的任务。他们还进行实证研究、提供治疗和评估方案,评价在不同工作环境下——如政府、学校和司法系统等——不同个体的心理状态。此外,心理学家也为公司、学校、军队、警察部队、运动队甚至摇滚乐队的成员做心理咨询工作。作为一门人类行为方面的研究学科,心理学可以应用于人们生活的各个领域。

 **美国心理学会是什么?**

美国心理学会(The American Psychological Association,简称APA)成立于1892年,其成员约15万人。该学会设有54个专业分会,涉及心理学的各个领域。美国心理学会是世界上最古老、最庞大的心理学组织。

▶ 心理学家和精神病学家有何区别?

心理学家和精神病学家的工作常有所重叠:他们都对精神疾病进行诊断和评估,提供心理疗法并进行研究。不过,他们的学习背景及接受的培训却大相径庭。一般说来,心理学家通常主修心理和行为,而精神病学家则是精神疾病方面的专家。心理学家在高等学府接受教育,其最高学位是心理学博士学位。不过,在美国只有极少数的州授予心理学家开具处方药的特权,而一般情况下心理学家是不会为患者开药的。此外,并非所有的心理学家都从事临床工作。相反,精神病学家则是在医学界接受训练,他们都是医生,在医学院接受教育,取得医学博士学位。精神病学家都接受临床培训,其工作重点是对严重精神疾病的评估和药物治疗。

▶ 美国心理学会设有哪些部门?

美国心理学会设有如下专业分会:

1. 普通心理学分会(General Psychology)

2. 教学心理学分会(Teaching Psychology)

3. 实验心理学分会(Experimental Psychology)

4. 评估、测量和统计学分会(Evaluation, Measurement, and Statistics)

5. 行为神经科学和比较心理学分会(Behavioral Neuroscience and Comparative Psychology)

6. 发展心理学分会(Developmental Psychology)

7. 人格与社会心理学分会(Personality and Social Psychology)

8. 社会问题心理研究分会(Social Issues)

9. 美学、创造力和艺术心理学分会(Aesthetics, Creativity and the Arts)

10. 临床心理学分会(Clinical Psychology)

11. 心理咨询分会(Consulting Psychology)

12. 工业和组织心理学分会(Industrial and Organizational Psychology)

13. 教育心理学分会(Educational Psychology)

14. 学校心理学分会(School Psychology)

15. 咨询学心理学分会(Counseling Psychology)

16. 心理学家公共服务分会(Psychologists in Public Service)

17. 军事心理学分会(Military Psychology)

18. 成人发展与衰老分会(Adult Development and Aging)

19. 应用实验和工程心理学分会(Applied Experimental and Engineering Psychology)

20. 康复心理学分会(Rehabilitation Psychology)

21. 消费心理学分会(Consumer Psychology)

22. 理论与哲学社会心理学分会(Theoretical and Philosophical Psychology)

23. 行为分析分会(Behavior Analysis)

24. 心理学史分会（the History of Psychology）

25. 社区心理学分会（Community Psychology）

26. 精神药理学和药物滥用分会（Psychopharmacology and Substance Abuse）

27. 心理治疗分会（Psychotherapy）

28. 社会心理催眠分会（Psychological Hypnosis）

29. 国家、省和地区事务心理分会（State, Provincial, and Territorial Psychological Association Affairs）

30. 人文心理学分会（Humanistic Psychology）

31. 知识产权和发展障碍分会（Intellectual and Developmental Disabilities）

32. 人口与环境心理学分会（Population and Environmental Psychology）

33. 妇女心理学分会（Psychology of Women）

34. 宗教心理学分会（Psychology of Religion）

35. 儿童和家庭政策与实践分会（Child and Family Policy and Practice）

36. 健康心理学分会（Health Psychology）

37. 精神分析学分会（Psychoanalysis）

38. 临床神经心理学分会（Clinical Neuropsychology）

39. 法学心理学分会（Psychology-Law）

40. 心理学家独立实践分会（Psychologists in Independent Practice）

41. 家庭心理学分会（Family Psychology）

42. 同性和双性恋者心理研究分会（Lesbian, Gay, and Bisexual）

43. 少数民族问题心理研究分会（Ethnic Minority Issues）

44. 媒体心理学分会（Media Psychology）

45. 运动心理学分会（Exercise and Sport Psychology）

46. 和平、冲突和暴力心理学分会（Peace, Conflict, and Violence）

47. 团体心理治疗分会（Group Psychology and Group Psychotherapy）

48. 成瘾研究分会（Addictions）

49. 男性心理研究分会（Men and Masculinity）

50. 国际心理学分会（International Psychology）

51. 临床儿童和青少年社会心理学分会（Clinical Child and Adolescent Psychology）

52. 儿科心理学分会（Pediatric Psychology）

53. 药物治疗分会（The Advancement of Pharmacotherapy）

54. 心理创伤分会（Trauma Psychology）

在心理学成为一门独立的学科之前

▶ 心理学是何时形成的？

由于依托于科学革命的进程，相对而言，对于心理过程的研究还是一门新兴学科。威廉·冯特（Wilhelm Wundt, 1832—1920）被认为是将心理学设为独立学科的创始人。1879年，他在德国莱比锡大学（University of Leipzig）开设了第一个研究心理的实验室。冯特的兴趣点是通过系统内观法来探究人类意识，并对实验对象进行训练以了解他们由于物理刺激产生的感官体验。

▶ 心理学形成之前该学科是怎样的？

现代心理学是科学革命的产物。如果没有推理的系统应用和科学性的基础观察，就不会有现代心理学。不过，当代心理学也并非无因可循。在西方历史中就可以找到现代心理学的影子。过去的几个世纪的古希腊哲学、中世纪基督教和后文艺复兴时期的哲学家都提出过心理学的核心问题。这些问题既有不同于现在的心理学的观点，也有一些观点为现在的心理学奠定了基础。

▶ 古希腊人关于心理学有什么看法？

2 500年前，古希腊哲学家不再质询关于上帝的那些高深莫测的问题，而是将注意力转到了自然界。此后，随之而来的问题就是人类在这个世界中的地位。什么是知识？我们如何获得知识？我们与情绪的关系如何？尽管以现代标准看来，其中一些问题的答案显得十分怪异，但大多数问题的答案如今仍得到我们的认可。

▶ "心理学"的英文"psychology"的希腊语词根是什么?

"心理学"的英文"psychology"源于希腊语"psyche",其意义是"灵魂"。而"logos"的意思则是"合乎逻辑的陈述"。不过,需要注意的是,希腊人对于"心灵"概念的理解与我们的想法大相径庭。总的说来,希腊人在理解"心灵"时更为具体,基本不会考量主观体验的复杂性。

▶ 荷马是否提出过"心灵"的概念?

荷马(Homer)的传奇史诗《伊利亚特》(Iliad)和《奥德赛》(Odyssey)可以追溯到公元前8世纪。尽管荷马史诗书写了关于激情的不朽传说与戏剧,但他对于人类心理的理解还是与我们当今的观点完全不同。在荷马史诗中既没有"意识"的真正定义,也没有提及人物内心的情感和想法激发了其行为,但人物的内在动机却通过上帝的想法施加其身。如雅典娜(Athena)让奥德修斯(Odysseus)随心所欲地做事。当时不存在精神世界的抽象想法,只是通过具体的、实在的术语来理解意识。例如,希腊语中的"noos"(后来拼写成nous)——后来用来表示"意识"——就被人们更具体地理解为"视觉"。而后来意为"灵魂"或"心灵"的希腊语"psyche"在荷马那个年代则仅仅指生命的体征——"血液"或者"呼吸"。

▶ 希腊人从何时开始注意心理学问题?

前苏格拉底时代的哲学家们——即苏格拉底(Socrates)之前的哲学家们——生活在公元前6世纪至公元前5世纪初。诸如阿尔克迈翁(Alcmaeon)、普罗泰戈拉(Protagoras)、德谟克利特(Democritus)和希波克拉底(Hippocrates)都曾提出过与现代观点相关的概念。他们关注的重点从上帝转向自然界,并将精神活动归因于大脑中的"意识"。前苏格拉底时代的一些哲学家相信,我们对于这个世界的知识只能通过感觉器官获得。由于我们只能看、听、闻和触摸,所以人类所有的知识必然是主观的,而且是因人而异的。这种关于人类知识的相对主义观点十分极端,但却与现代心理学密切相关。

⊙ 是否所有的古希腊观点都会在现代科学中得以体现？

从现代的观点来看，并非所有的古希腊观点都有道理。例如希波克拉底认为，精神疾病是由于黑胆汁、黄胆汁、血液和黏液的失衡而造成的。而阿尔克迈翁则认为感知是通过气管到达大脑的。不过，试图寻找心理过程的生理解释却与现代观点极其相似。

四种体液是什么？

希波克拉底（公元前460—公元前377）是一位杰出的古希腊医师，他提出的"四种体液"的观点在此后的2 000年中一直影响着医学理论。希波克拉底的生理学理论以另一位前苏格拉底时代的哲学家——恩培多克勒（Empedocles，公元前492—公元前432）的观点为基础。恩培多克勒认为，整个世界是由泥土、空气、火和水组成的。希波克拉底提出的四种体液——黑胆汁、黄胆汁、血液和黏液——对应恩培多克勒提出的四种元素。尽管希波克拉底将所有的心理过程（如喜悦、悲伤等）归因于大脑，但他还是认为心理和生理健康都要建立在这四种体液平衡的基础上。几个世纪后，罗马医师盖伦（Galen，公元前201—公元前130）发展了希波克拉底的观点，创造出人格类型学。有忧郁人格的人（源于黑胆汁）容易沮丧；火暴易怒的人（源于黄胆汁）更易生气；天性乐观的人（源于血液）精力充沛、勇敢无畏、浪漫多情；性情冷漠的人（源于黏液）处事冷静，不易烦躁不安。每种人格类型的形成都是体内某种体液过剩的结果。尽管现代科学已经证实了这种理论并不正确，但人们至今仍在使用盖伦创造的术语来描述人格特质。

▶ 柏拉图和亚里士多德关于心理学有什么看法？

柏拉图（Plato，公元前428—公元前347）和亚里士多德（Aristotle，公元前384—公元前322）是两位声名显赫的希腊哲学家，他们都对西方思想产生了深远的影响。虽然他们两人都不是因为其心理学观点而闻名于世，但他们的理念却都影响了西方的心理学观点。柏拉图认为，真理存在于抽象的观念或形式中，只有通过推理才能获得。我们从感官获得的信息是暂时的，因此也是虚假的。获得概念和范畴是一种与生俱来的能力，这一主张与现代认知心理学和神经科学的观点一致。亚里士多德更热爱自然界，他认为知识来源于我们对自然的观察，来自系统的、有逻辑的推理。他提出逻辑推理能力是与生俱来的，但知识却只能通过我们的感官来获得。就是以这样的方式，亚里士多德为现代科学奠定了基础。

▶ 柏拉图的思想以某种方式为弗洛伊德的理论奠定了基础？

柏拉图关于情绪和情绪控制的思想为弗洛伊德的自我和本我理论奠定了基础。柏拉图将心灵分为三个部分：欲望、理性和精神。这一理论无疑与弗洛伊德的本我、自我和超我有着某种联系。就像柏拉图所做的关于心灵的那两匹战马和

▶ 生命是否有目的？

亚里士多德认为，地球上的一切事物都有存在的目的。橡子的目的是要长成橡树，刀子的目的是切割东西，烤炉的目的是进行烘烤。由于人类是唯一能够进行推理的动物，所以我们的目的也就是推理。只要遵循自己的目的而生活，我们就可以生活得正直善良，并最终获得幸福。

目的分为两种：内在目的和外在目的。内在目的是生物体本性中所固有的，如橡子的固有特性决定它将成长为橡树。而外在目的则是外在力量——例如神——所赋予的。

然而，并不是所有的现代观点都认为生命是有目的的。从达尔文（Darwin）的自然选择观点来看，基因的多样性是随机产生的，只有在碰巧适应了环境、促进了物种生存的条件下，某种基因才会持久存留下来。人类进行推理并不是因为这是我们的目的，而是因为我们碰巧以这种方式来进化，推理能力可以帮助我们这个物种存活下来。

亚里士多德认为，一切事物都有其目的。例如，橡树果实的目的是要长成橡树，人类的目的是要思考和保持理性。（图片来源：iStock 图像）

不过，目的论的观点与其他一些现代理论不谋而合。例如，人文主义心理学家亚伯拉罕·马斯洛（Abraham Maslow, 1908—1970）认为，我们都希望达到展露自我个性的自我实现状态，以激发全部的情绪潜能。事实上，这就是我们的目的。

西格蒙德·弗洛伊德也可能受到了目的论的影响。他曾与一位研究亚里士多德的学者弗朗兹·布伦塔诺（Franz Brentano）共同钻研此问题。

御马人的比喻那样，他相信只有控制肉体的激情才能实现更高的目标。一匹战马是上帝的御驾，它是永生的，并渴望达到精神的美好境界。而另一匹马则是凡马，它只想坠入凡尘，肆意挥洒动物般的激情与欲望。这时，御马人就必须控制凡马的动物欲。只有这样，心灵才能获得真正的幸福。所以，我们可以把凡马看成是本我，把御马人看成是自我；而从更宽泛的意义上，我们则可以把永生的马看作是超我。

▶ 罗马演说家西塞罗关于心灵有什么看法？

尽管罗马人在法律、工程学和战争等领域的成就更为卓越，但他们同样拥有

一些引人注目的哲学著作。著名的罗马演说家西塞罗（Cicero，公元前106—公元前42）就曾对激情有过详尽的论述。他将激情分为四种类型：不适、恐惧、喜悦和欲望。目前不知道弗洛伊德使用的术语"欲望"是否受到了西塞罗的影响。

▶ 罗马帝国陷落后希腊思想发生了什么改变？

希腊哲学家的观点曾传遍整个罗马帝国，其影响一直持续到公元前4世纪罗马帝国陷落。那时，基督教是罗马帝国的正统宗教。罗马帝国陷落后，基督教堂是基督教唯一存留下来的机构。尽管很多异教的哲学思想也融入了教堂的教义中（如柏拉图关于不朽灵魂的思想等），但不符合基督教教义的思想仍被认为是异端。在基督教世界，也就是欧洲的大部分地区，这种状态一直持续到现代时期之前。因此，在整个中世纪基督教中，人们一直在讨论心理学的问题。

▶ 在中世纪基督教中人们怎样看待心理学问题？

一般来说，中世纪基督教更看重未来世界，而不是现世的幸福。人只有在天堂，而不是尘世，才能找到真正的幸福。人们只有通过笃信宗教，才能发现通往天堂的入口。在公元第一个千年里，最具影响力的基督教神学家圣奥古斯丁（St. Augustine，354—430）强调自由意志的作用。他认为，每个人都有自由意志，可以选择是否要追随上帝。婚姻中不以生育为目的的性和身体欲望是罪恶的。人们普遍相信魔鬼的存在，而且认为患上精神疾病就是由于被魔鬼附了身。

▶ 中世纪穆斯林世界发生了什么事情？

在伊斯兰的先知穆罕默德（Mohammed，570—632）死后的一个世纪内，伊斯兰军队已经征服了差不多整个地中海南部和东部地区，也就是前罗马帝国的南部的一半地区。此时在北欧地区，希腊-罗马世界的先进文化已大部分消失近1 000年。相比之下，古代学者的文学作品在中世纪的穆斯林世界得到了保护，几个学习中心也在阿拉伯世界建立起来。阿维森纳（Avicenna，980—1031）就致力于将古典文学和伊斯兰教义结合在一起。

尽管生活颠沛流离、飘摇不定，阿维森纳还是编写了医学史上最具影响的著作《医典》(*Canon of Medicine*)。作为一名医师，他深谙心理疾病。他赞同希波克拉底和盖伦的四种体液学说，也认同大脑在心理障碍中所起的作用。他的关于内感知的理论指出了理解、记忆和联想之间的关系。他甚至对大脑的哪些部分控制不同的心理功能进行了思考。

欧洲人曾一度相信患精神疾病者是被魔鬼附了身。因此中世纪时期撒旦被谴责为降苦于人间的魔鬼。

▶ 魔鬼附身的想法与心理学有何联系？

　　在中世纪，欧洲的科学尚不发达，人们普遍认为有魔鬼存在，身体疾病和生活不幸也被归咎于撒旦和其他魔鬼。特别是精神疾病，被看作是魔鬼附身的结果。当时，人们认为耶稣(Jesus)可以驱走魔鬼。因此，驱魔也是中世纪牧师的职责之一。直到今天，仍有人相信魔鬼附身这一说法。

更现代的心理学研究方法是从何时开始的？

在欧洲文艺复兴（5—6世纪）带来大量的文化和理性价值观之后，人们的注意力从来世转回到现世。哲学家开始重新思考古希腊人提出的问题，并在这些观点的基础上创造了一种看待心理的方法。尽管当时心理学并不是独立的学科，但哲学却开始为后来成为心理学的学科打下了基础。其中著名的哲学家包括勒内·笛卡尔（Rene Descrates, 1596—1650）、本尼迪克特·德·斯宾诺莎（Benedict de Spinoza, 1632—1677）、托马斯·霍布斯（Thomas Hobbes, 1588—1679）和约翰·洛克（John Locke, 1632—1704）。

笛卡尔对心理学史的贡献是什么？

从根本上讲，笛卡尔对于心理学的贡献在于将"精神"的概念推向前沿，并使其成为他的哲学中心。他著名的论断"我思故我在"（*Cogito ergo sum*）就将思考的心理功能和它存在的证据联系在一起。作为一位认真观察自然世界和解剖动物的自然主义者，笛卡尔极其醉心于心理和生理过程的关系。实际上直到今天，人们仍旧对主张精神和身体分离的笛卡尔二元论争论不休。

笛卡尔如何理解大脑的运作方式和神经系统？

由于受到当时的生理学知识和液压机械制造学的影响，笛卡尔对心理和生理过程有了一种非常复杂的机械学知识的理解，这为弗洛伊德的"液压模式"奠定了基础。笛卡尔写到，人类对于外部世界的印象来源于我们的感觉器官（如眼睛、耳朵、鼻子等），从而使动物精气（一种能为纯净血液注入流体的活力）对我们的大脑发生作用。然后，大脑再通过神经将这种流体重新送回我们的身体，促使肌肉运动。正是以这种方式，一些关键功能，诸如消化、呼吸，甚至心理过程，像知觉、欲望与激情等，才能够发生。此外，笛卡尔还把位于大脑底部的松果体看作是无形的精神和有形的身体发生交互作用的地方。

什么是民众心理学以及民众心理学如何处理日常生活中的问题？

致力于解决心理学问题的不止是哲学家。由于心理学问题与日常生活息息相关，还有很多人也提出了心理学原则的观点。通常以谚语或格言来表达的民众心理学就记录了一些类似的观点，并世代相传。下面列出一些常见的常识性谚语，它们流传多年，彰显了民众心理学的智慧。

莫惹事生非。（Let sleeping dogs lie.）

老人不容易适应新事物。（Old dogs can't learn new tricks.）

三思而后行。（Look before you leap.）

一针不补，十针难缝。（A stitch in time saves nine.）

省钱就是赚钱。（A penny saved is a penny earned.）

贪小便宜吃大亏。（Penny wise, pound foolish.）

笨蛋难聚财。（A fool and his money are soon parted.）

孩子不打不成器。（Spare the rod, spoil the child.）

山中无老虎，猴子称大王。（When the cat's away, the mice will play.）

有其父，必有其子。（The apple doesn't fall far from the tree.）

如果愿望都能实现，乞丐早就发财了。（If wishes were horses, beggars would ride.）

骄者必败。（Pride goeth before a fall.）

不入虎穴，焉得虎子。（Nothing ventured, nothing gained.）

深水静静流，浅溪潺潺流。（Deep rivers move in silence, shallow brooks are noisy.）

祸从口出。（Loose lips sink ships.）

如果你爱他，就让他自由。（If you love someone, set them free.）

离别增情谊；小别胜新婚。（Absence makes the heart grow fonder.）

饥者口中尽佳肴。（Hunger is the best sauce.）

眼不见，心不烦。（Out of sight, out of mind.）

山重水复疑无路，柳暗花明又一村。（Every cloud has a silver lining.）

俩人结伴，三人不欢。（Two is company, Three's a crowd.）

怒不上床。（Never go to bed mad.）

谁笑在最后，谁笑得最好。（He who laughs last, laughs best.）

萝卜青菜，各有所爱。（One man's meat is another man's poison.）

天道酬勤。（God helps those who help themselves.）

▶ 斯宾诺莎对心理学历史有着怎样的贡献？

本尼迪克特·德·斯宾诺莎（Benedict de Spinoza, 1632—1677）是一位西班牙籍犹太人，17世纪生活在荷兰。由于斯宾诺莎的作品在当时被认定为异端邪说，1656年他被逐出犹太教会。不过如今，他被认为是最早的现代哲学家之一。斯宾诺莎认为，我们的原始心理驱动力提升并保护自己的生存与安宁。这一想法为心理学革命奠定了基础。此外，他还相信，我们的三种原始情绪——愉悦、痛苦、欲望——都是我们安宁和幸福的表达。这种观点也为弗洛伊德的"享乐原则"奠定了基础。最后，斯宾诺莎还告诉我们，我们对于任何情景的认知评价都将决定我们的情绪反应。换句话说，我们对某事件的想法将影响我们的感受。因此，我们可以通过转变想法来改变自己的情绪。这也是20世纪中期阿朗·贝克（Aaron Beck）和阿尔伯特·艾利斯（Albert Ellis）所开创的认知疗法背后的基本原则。

▶ 托马斯·霍布斯对于观念之间的关系有什么看法？

托马斯·霍布斯（Thomas Hobbes, 1588—1679）因其政治哲学和生活的"自然状态"是"孤独、贫穷、污秽、野蛮和短暂的"的观点而闻名于世。不过，他对于认知和记忆也提出了自己的看法。霍布斯认为，我们所有的知识都来自感觉印象。就好像风停之后仍在拍打的海浪，记忆只是最初感觉印象的剩余产品。他提出，当感觉印象及时发生时，观念就会与记忆相联系。这种联想记忆的概念后来成为20世纪兴起的一种心理学运动——行为主义的基础。

▶ 约翰·洛克的早期观点是怎样的？

约翰·洛克（John Locke, 1632—1704）也因其政治哲学而蜚声于世。他将观念分为两类：一是感觉，即我们最初的感觉印象；二是反思，即我们的头脑对最初的感觉印象做出的反应。就这样，他将感知和认知区分开来。此外，他还进一步从简单的观点出发，并将其组合起来，对更为复杂的观点（诸如公正、爱、纯洁等抽象概念）进行了思考。这种从简单发展到复杂的过程的认知观念为皮亚杰（Piaget）和20世纪其他认知心理学家的研究奠定了基础。

其他文化中的心理学

▶ 其他文化如何提出心理学问题？

心理学致力于解决生活中最基本的、与人有关的问题。我们的行为方式为何如此？我们的感觉为何如此？我们为何受折磨？我们为什么爱？我们为什么渴望得到那些渴求的东西？现代心理学之所以独一无二，就是因为它是透过科学方法的镜头来探究这些最原始、最基本的问题。然而纵观历史并跨越不同文化，关于这些问题人们已经得出了自己的答案。

▶ 萨满教与心理学有何关联？

萨满教徒（Shamans）来自传统的前现代社会，他们是其部落和灵魂世界的中介群体。为了游历灵魂的领地，他们常常通过舞蹈、音乐或通灵植物来进入一种类似精神迷离的状态。萨满教（Shamanism）的传播十分广泛，从蒙古

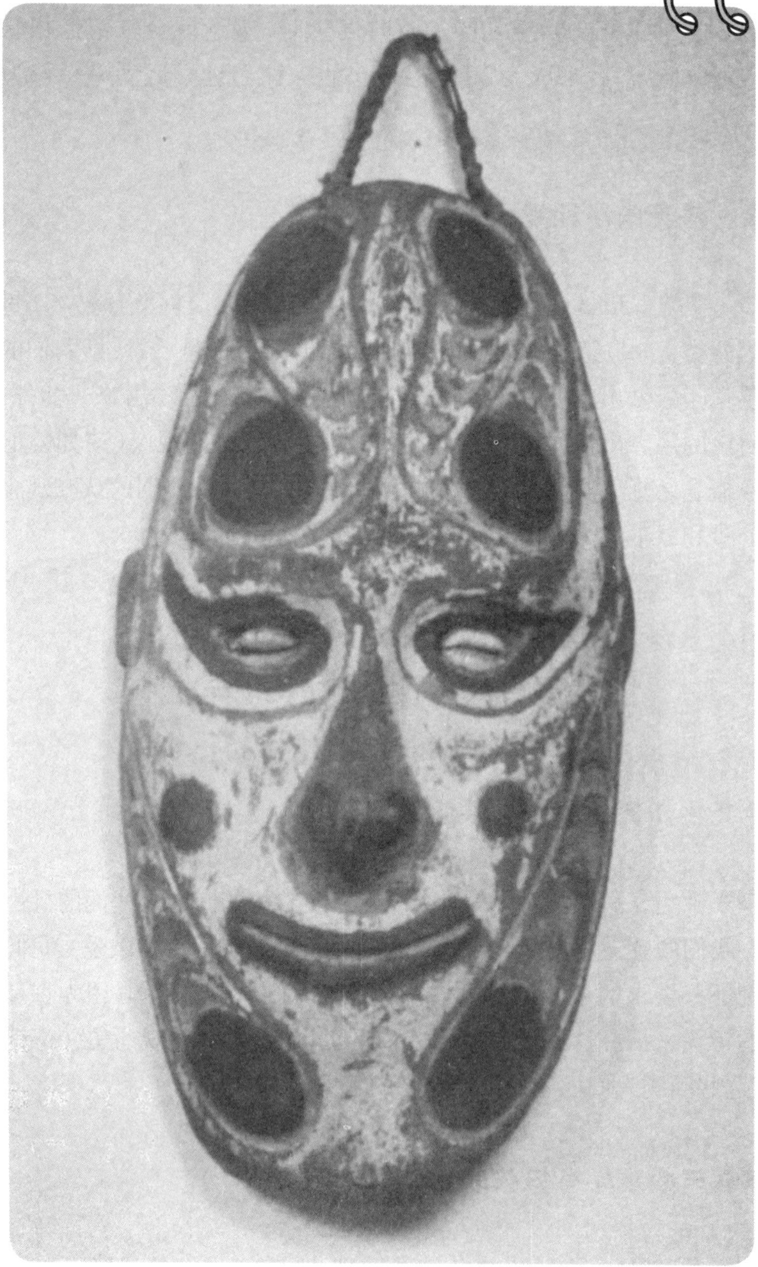

来自巴布亚新几内亚的面具。该面具与萨满教徒使用的面具相类似。萨满文化传播广泛，其信仰可见的世界充满着灵魂。

大草原到美洲的本土民众,都可见萨满教徒的身影。尽管萨满教的习俗因文化差异而不同,但所有的萨满教教徒都相信这个世界上满是灵魂存在,只要通过某些仪式与灵魂进行恰当地沟通,就可以治疗心理和生理上的疾病,实现风调雨顺,促使社会和谐等。而这一切的重点就是出神的精神迷离状态,在这一状态下,可以实现个人与灵魂转化的目的。此外,萨满教还认为一个人内心的精神状态会受到外部力量,如祖先的灵魂、动物的灵魂或自然等的左右,或者至少是屈从于外部力量。

▶ 东方宗教有着怎样的心理学观念?

提到东方宗教,我们通常指的是亚洲文化。在亚洲有着大量的宗教传统,其中很多都可追溯到几千年前。佛教和印度教是东方宗教中最大、最著名的宗教。

▶ 佛教教义与心理学有何关联?

佛教的一项基本教义就是苦难来自我们认为自己是独立的、与众不同的、圆满的这种幻觉。那些在情感上接受西方人所称的"自我"的人,或那些认为自己是独立个体的人,必定会遭受苦难。人只有放弃狭隘的、终有一死的自我,去追求永恒的现实,并承认我们只是永恒现实中的一部分,才能获得幸福。坐禅和其他敛心默祷的活动是获取存在于我们内心的精神力量的最佳方式。

▶ 印度教的哪些方面与心理学有关联?

印度教是一种可以追溯到6 000年前的古老宗教。尽管印度教有着大量的变体,但其宗旨是一致的。就像最初起源于印度教的佛教一样,印度教也强调我们属于一个多维的精神整体。苦难来源于无知,而启蒙则源自所有现实的统一性知识。静坐冥想等活动在印度教中也十分重要。

▶ **东方宗教的教义和现代西方心理学有何关联?**

很多西方心理学家都接受了东方关于自我和自我超越的思想。这些思想和西方心理学关于自恋的理论有着异曲同工之妙,因为自恋也涉及对于自我的过度迷恋。静坐冥想等活动也被巧妙地融入当代的心理疗法中,像心智觉知训练和辩证式行为治疗等。

▶ **三大一神论宗教是如何提出心理学问题的?**

虽然基督教、犹太教和伊斯兰教这三大一神论宗教之间有着巨大差异,但他们都认为神是真理、道德和幸福的唯一源泉,人类心理是由与神的关系来决定和塑造的。我们只有接近神、听从神的指引、根据神的指示生活,才能获得幸福。同样,苦难来源于与神疏远。基督教有一套完备的关于罪恶的观念,它认为罪恶反映了对上帝道路的背离。此外,基督教也提到魔鬼是一切破坏活动和不为社会所接受的行为的根源。最后,上帝为人类揭示真理,我们获得真理的方法是诵读宗教经文,或者是诚心祈祷。对于上帝的真理的解释可能有很多种不同版本,但真理是绝对的,在上帝之外不存在任何真理。

历史与先驱者

▶ **心理学诞生的时候科学的环境如何?**

科学革命两个世纪后,心理学作为独立学科才出现。那时,人们对神经系统、大脑和人体内的化学过程等都有了更多的了解,而这些发展远远超出了早期哲学家们的梦想。科学方法不断进步,技术水平持续发展,这一切都为更加复杂测量仪器的出现做好了准备。就这样,当19世纪晚期心理学应运而生时,它的倡导者是那样渴望向世人证明,这一新兴领域就像科学领域内的任何其他学科一样值得人们关注。

▶ 为什么威廉·冯特被认为是心理学之父？

威廉·冯特并不是用科学方法提出心理学问题的第一人，但 1879 年他却在德国莱比锡大学最先设立了心理学科学实验室。在此之前，尽管厄恩斯特·韦伯（Ernst Weber, 1795—1878）、赫尔曼·赫尔姆霍兹（Hermann Helmholtz, 1821—1894）和古斯塔瓦·费希纳（Gustav Fechner, 1801—1887）都为我们理解感知和认知作出了重要贡献，但从本质上讲，他们都不认为自己是心理学家。相比之下，冯特则把主要精力都放在建立心理学这门科学上。

威廉·冯特对感觉的本质很感兴趣，因此他将客观的测量方法和经过严格训练的内省结合在一起。他要求研究者要仔细监控自己的感知和感觉体验。冯特的研究重点是用数学式的精确测量来绘制感觉的示意图。此外，他还为几百名学生授课，为心理学领域在发展之初的几十年间培养了许多重要人才。他的研究重点是确定心理的组成成分，这被称为结构主义。

▶ 为什么威廉·詹姆斯被认为是美国心理学之父？

威廉·詹姆斯（William James, 1842—1910）是美国最早的心理学教授之一。1872 年，美国哈佛大学聘任他为生理学教授，后又在 1889 年授予他心理学教授的头衔。与冯特一样，詹姆斯也是心理学这一新领域的热心推动者。他和冯特一样桃李满天下，他的学生将其思想传播到更为广阔的世界。尽管詹姆斯的兴趣点最终超越了心理学范围，但其著作《心理学原理》（*The Principles of Psychology*）仍然长久而深远地影响了这一领域的发展。

▶ 詹姆斯和冯特在研究心理学的方法上有何不同？

总的来说，詹姆斯难以认同以冯特实验室中所采取的原子学派方法来研究心理学。尽管他在自己的实验室中也运用了类似的方法，但詹姆斯觉得，冯特和其他人从事的心理生理学仅把重点放在一些最小、最无趣的心理现象上。他认为，将意识的片段看成是孤立的、割裂的单位并不符合体验的真正本质，因为体验本身就是连续的。他相信意识流的说法。此外，他更感兴趣的是整体观点，比如自我的意义和自我的连续性等。我为什么知道我是我？时光不断流逝，是什

并非所有早期对心理学的探索都建立在坚实的科学基础上。19世纪，弗朗兹·约瑟夫·盖尔（Franz Joseph Gall，1758—1828）开始研究颅相学。盖尔相信，在大脑的特定区域能够找到相应的心理学特征。与大脑的其他部分相比，当其中任何一个特征变得显著，与该特征相对应的那个大脑部分就会变得更大，并向头骨外侧突出。然后，这个增大的大脑区域就会在头骨上形成凸起。因此，如果仔细观察一个人头骨的形状，就会发现他的心理轨迹。

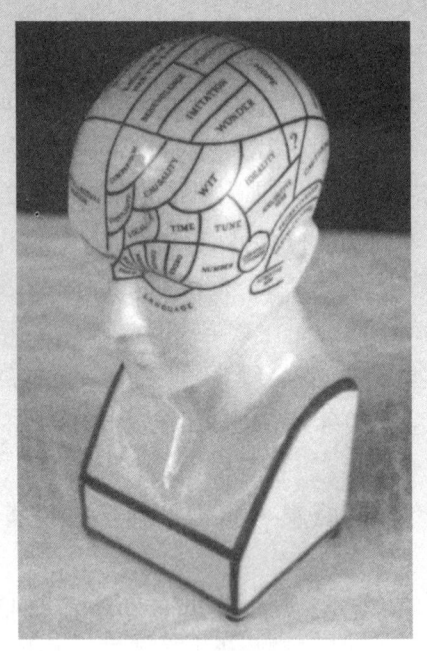

颅相学家使用的半身塑像在19世纪十分流行。（图片来源：iStock 图像）

盖尔通过实证技术（他曾测量过几百人的头骨）得出了自己的结论。不过他的方法有失公允，因为他只选择了能够证实自己理论的实验结果。颅相学在19世纪曾一度十分流行，用于颅相学的半身塑像也十分常见。不过随着20世纪现代科学的发展，颅相学被证明是错误的，它才逐渐失宠。和优生学一样，颅相学当时常被用于为种族主义者辩护或为一些社会偏见理论开脱。同样，纳粹组织也曾使用颅相学来证明雅利安人（Aryan）的至高无上。但从更积极的方面来看，颅相学激励了神经心理学家，促使他们去研究重要的定位功能，以期了解大脑的哪些部分支持着不同的心理功能。

么给了我连续的自我感？

整体研究法和原子学派研究法的对立是贯穿心理学史和自然科学史的一个主题。当我们研究一个项目时，是要将其拆分到最小单位，还是要把它当做有机整体来掌握呢？不过，与冯特一样，詹姆斯也倡导将内省作为研究意识的一种方式，而这正是后来行为主义者强烈反对的做法。

▶ 詹姆斯的机能主义和冯特的结构主义有何区别？

詹姆斯最感兴趣的是心理如何影响行为，心理如何帮助我们在这个世界起作用？不过，他对仅仅区分心理的成分不太热衷，区分心理的成分更像是跟随冯特的结构主义的做法。事实上，詹姆斯后期摒弃了心理学，转而投入了一个叫做实用主义的哲学派别的怀抱。实用主义认为，信仰的价值不在它的精确性，而在其有效性，也就是它能够帮助人们在其所处的环境中发挥作用的程度。

▶ 弗朗西斯·高尔顿是谁？

弗朗西斯·高尔顿（Francis Galton，1822—1911）从未接受过正式的心理学训练，但他极富革新精神且极具创造力，因此对心理学的研究方法作出了巨大的贡献，影响力相当持久。在经历了包括非洲探险和研究气象学在内的多番努力之后，高尔顿痴迷于智力的遗传可能性问题。智力是像身高和发色一样在家族中遗传的吗？他选择了这样一个研究课题很可能是由于他自己的家族中有着太多的天才人物。高尔顿是一个神童，他是伊拉兹马斯·达尔文（Erasmus Darwin）（著名的内科医师和植物学家）的外孙，也是查尔斯·达尔文（Charles Darwin）的表弟。

弗朗西斯·高尔顿是查尔斯·达尔文的表弟，也是一位天才少年。他对心理学研究方法的影响相当持久，但对优生学的贡献不足称道。[图片来源：玛丽·伊万斯图片库（Mary Evans Picture Library）]

▶ 弗朗西斯·高尔顿的贡献是什么?

在高尔顿试图证明智力的遗传可能性时,他所使用的一些革新方法不但在当时令人叹为观止,时至今日仍得到广泛应用。这些方法包括相关性的统计技术(一种数学测试法,用于观察两种遗传特征同时增加或减少的程度)、同卵双生和异卵双生双胞胎的比较、自陈式问卷和词联想测验的使用"先天和后天"和"趋均数回归"的提出概念等。"趋均数回归"概念源于高尔顿的观察,他注意到,随着时间的流逝,当不断进行测量时,极值会趋于回归中间值。例如,如果父母双方的身材都特别高大,他们孩子的身高有时并不会太高。除心理学之外,高尔顿最杰出的贡献是在优生学领域。

▶ 什么是优生学?

高尔顿对智力遗传可能性的兴趣并不仅仅停留在学术层面,他还试图将其应用到社会政策中,即只让那些高智商的家族繁衍生息,而不鼓励那些不被上帝眷顾的人生儿育女。他先是在几本著作中表露了这样的想法,而后又在众多的学术部门和国际学会传播这一理论。不过,他大大忽视了环境,特别是社会阶级、种族歧视和受教育机会对于智力发展的影响,而这无疑使他的理论带有偏见和种族主义的色彩。同时,他也忽视了基因"不那么优越"的人的民权问题。20世纪20年代,优生学对美国的移民政策产生了巨大的影响,因为它为禁止东欧和南欧的移民迁入美国提供了理由。在纳粹利用优生学来支持自己的种族大屠杀政策之后,优生学逐渐失宠。

▶ 埃米尔·克雷佩林和尤金·布鲁勒对精神疾病的观点产生了哪些影响?

尽管埃米尔·克雷佩林(Emil Kraepelin, 1856—1926)和尤金·布鲁勒(Eugen Bleuler, 1857—1939)都是精神病学家,而不是心理学家,但他们对精神病诊断所作出的贡献却对整个心理健康领域产生了深远的影响。19世纪初,精神病学成为一个独立的医学领域。在治疗严重的精神疾病方面,早期精神病学与更注重正常心理过程的早期心理学几乎没有交叉。然而,随着临床心理学的发展,精神病学和心理学的关系变得更加密切。

德国精神病学家埃米尔·克雷佩林首先对躁狂抑郁症和早发性痴呆(后来被称作精神分裂症)进行了区分。他将躁狂抑郁症看作是一种较轻微的精神疾病,其病状诊断更为乐观。相反,他认为早发性痴呆是一种逐渐恶化的疾病,几乎没有希望治愈。当然,在19世纪,还没有能够治疗这两种疾病的有效药物。

瑞士精神病学家尤金·布鲁勒是著名的波古尔兹利精神病医院(Burgholzli

▶ 社会偏见如何影响心理学的测量?

由于严重的社会偏见,心理学和社会科学的早期历史总体而言显得杂乱无章。19世纪早期,弗朗兹·约瑟夫·盖尔开启了对颅相学的研究,在不同的大脑部位绘制不同的人格特质。尽管盖尔试图用科学的方法测量头骨来验证自己的理论,但他先入为主的观念却左右了他的资料搜集和分析过程。

后来,颅相学的支持者试图用这种理论来为种族偏见和阶级偏见辩护。同样,社会达尔文主义的拥护者赫伯特·斯宾塞(Herbert Spencer,1820—1903)用达尔文的自然选择学说来解释社会不平等的原因。弗朗西斯·高尔顿对智力遗传可能性的研究也催生了优生学理论,但这变相地鼓励了社会精英有选择地繁衍生息,却阻碍社会弱势群体生育后代。

所以心理学测试最初发展起来的时候,它曾在科学的公正性和社会偏见之间摇摆不定,这一点都不足为奇。如在最初的智商测试中就充满了带有社会偏见色彩的项目,在美国出生的以英语为母语的人比那些没有受过教育的贫穷移民和非白人的少数族裔在测试中具有更大的优势。随着心理学的研究方法不断发展,影响实验的各种偏见因素已被降到最低。不过,我们应该认识到,只要科学实验是由人类进行的,就必然会有人为错误。然而,科学之魅力就在于通过进一步的研究它有纠正自身错误的能力。

Psychiatric Hospital）的院长。布鲁勒根据希腊语创造了"精神分裂症"这个词。他认为精神分裂症包括多种疾病，可被细分为青春型精神分裂症、紧张型精神分裂症和偏执型精神分裂症。另外，他还创造了"自闭症"这个术语，来形容那些精神分裂症患者脱离外部世界的行为。

西格蒙德·弗洛伊德

▶ 西格蒙德·弗洛伊德是谁？

西格蒙德·弗洛伊德（Sigmund Freud，1856—1939）是奥地利的一位精神分析学家，也是20世纪最具影响力的人物之一。他首创了精神分析法，提出了潜意识、童年的影响、压抑的情绪等概念，将心理疗法推广到更广阔的领域。尽管在他的理论中有一些方面存在争议，但其大部分思想都已成为我们文化中的一个不可或缺部分。

▶ 弗洛伊德精神分析理论的主要原则是什么？

与心理学的其他先驱者不同，弗洛伊德对变态而不是常态的情况更感兴趣。作为一名医生，他十分关注患者，所以能够通过精神病理学的调查来发展他的心理理论。尽管弗洛伊德的理论在他40多年的工作中总是不断

精神分析之父——西格蒙德·弗洛伊德是20世纪最具影响力的人物之一。[图片来源：美国国会图书馆（Library of Congress）]

变化和发展，但我们仍能发现一些至关重要的概念。其中包括动力潜意识、原欲本能和攻击性本能（或死亡本能）、童年心理冲突对成年精神病理学和人格的重要影响等。

▶ 弗洛伊德的潜意识的观点是什么？

与只关注有意识想法的早期心理学家不同，弗洛伊德更醉心于对一个问题的研究，那就是我们的情绪、欲望和思维为何能够完全在意识之外发挥作用。此外，不可接受的欲望和冲动会被压入潜意识，使人免于焦虑。不过这些被压抑的欲望不会在意识之外销声匿迹；相反，通常以一种改头换面的形式，它又被推回到潜意识之中。而这些得以表达的部分冲动就是精神分析法要治疗的症状。

▶ 弗洛伊德的本能理论是什么？

弗洛伊德相信生命的两种原始驱动力或者动机：原欲和攻击性。原欲被定义为性欲，而更精确的是指一种宽泛的性快感。这是弗洛伊德的主要关注点。在经历了第一次世界大战后，他又增加了死亡本能。后来，死亡本能常被解释为攻击性本能。弗洛伊德认为，就像电荷需要释放一样，本能也会通过行为来表达。

不过，他认为社会不允许人们自由地表达性欲和攻击性。精神病理性，或他所称的神经症，就涉及我们的本能驱动力与抑制它们的需要之间的冲突。不过，就像冲下山坡的水一样，压抑的本能仍然需要获得表达，最终它就会找到一种表现的途径，导致强迫症或歇斯底里症（一种没有任何生理原因的身体症状）等症状的出现。弗洛伊德的这种流水式的本能概念后来被称为液压模式。

尽管从今天的观点看来，弗洛伊德的理论显得有些怪异，但我们又很容易看出，他这样做的目的是要把他对患者行为的观察纳入他那个时代的科学模式之中。

▶ 弗洛伊德的童年观念从何而来？

弗洛伊德认为，本能满足的原始地带——性感区——在童年时期要经历几个可预测的阶段。在他的理论中，性心理可分为几个时期：口唇期、肛门期、性

器期潜伏期和生殖期。每一个性心理期都有独特的性心理特征。例如在肛门期，儿童的特点是小气，很在乎钱财和控制欲。如果儿童在某一个时期得不到满足或满足过度，他们就将停滞在这一阶段，陷入心理困境。

神经官能症状也标志着一个人独特的性心理阶段。例如，强迫症就反映了回归到了肛门期。虽然弗洛伊德的本能理论曾广受批评，但他认为童年任何时期的发育问题都会阻碍其日后发展并导致成年精神病理性的观点，却无疑是他最大的贡献之一。

▶ 弗洛伊德的革命性是什么？

弗洛伊德的革命性表现在以下几个方面：第一，他指明了潜意识的情欲主宰我们生活的方式，即动物欲与文明的约束之间的斗争。他对性欲的特别关注开启了对一个过去禁忌话题的讨论。第二，他引起了人们对于童年的经历和创伤对成人情绪相应的影响的关注。第三，他首创的精神分析法在整个心理治疗领域起到了先锋作用。

尽管精神分析本身不再是心理治疗的首选方法，但仍有许多形式的心理治疗都直接受弗洛伊德的影响。最后，他把情绪和无理性引入了科学领域。尽管诗人、艺术家和哲学家在以前都谈论过对精神分析的关注，但是几乎没有人用科学的术语考虑这些问顾。

 ▶ 阿尔弗雷德·希区柯克的经典电影中如何表现了西格蒙德·弗洛伊德的理论？

阿尔弗雷德·希区柯克（Alfred Hitchcock）1960年出品的悬疑电影《精神病患者》（*Psycho*）是弗洛伊德理论渗透到流行文化中的极佳代表。在一段著名的淋浴场景中，马里恩·克兰（Marion Crane）[由珍妮特·利（Janet Leigh）扮演]被诺曼·贝茨（Norman Bates）[由托尼·珀金斯（Tony Perkins）扮演]挥刀刺死。在影片的结尾，我们知道贝茨对他

的母亲过度依恋,所以在他发现了母亲与一个男人的绯闻后,出于一时嫉妒杀死了她。不过,为了满足他对母亲还活着的幻想,他将母亲的尸体藏在地下室。同时,他改变自我,用母亲的身份继续生活。最后,他打扮成死去母亲的样子杀死了克兰,以消除争夺对他的注意力的任何可能的对手。这种恋母情结题材的创作毫无疑问是从弗洛伊德及其精神分析理论中获得的灵感。

▶ 弗洛伊德思想的原创性有多少?

弗洛伊德的观点并非横空出世,其中很多都来源于早期哲学家的著作。例如,德国哲学家亚瑟·叔本华(Arthur Schopenhauer,1788—1860)早在1819年就写到了潜意识性本能的重要性。此外,弗洛伊德也并非首位应用心理疗法的临床医生。到1909年,弗洛伊德采用的心理疗法只是众多心理治疗的方式之一。不过,20世纪早期的心理疗法还十分原始,其主要手段是催眠和暗示。最终,对后来的心理疗法起到更广泛影响的还是弗洛伊德的精神分析法。

▶ 关于弗洛伊德有哪些争议?

弗洛伊德因为与诋毁他的人不断论战而闻名(或者声名狼藉),同时他也是一个充满争议的人物。从一开始,弗洛伊德的理论就很有武断的意味。尽管弗洛伊德采取十分灵活的方式来对待自己的观点,曾多次修订自己的理论,但他却几乎无法容忍他的追随者与其观点背道而驰。由于阿尔弗雷德·阿德勒(Alfred Adler)和卡尔·古斯塔夫·荣格(Carl Gustave Jung)曾质疑他把原欲看作驱动力的观点,他先后与他们决裂。

在弗洛伊德所处的维多利亚时代,人们几乎不会在公开场合谈及性欲,而这恰恰是他的研究重点,因此这也使他的理论备受争议。他对儿童性欲的研究也被认为是一种变态行为。然而,到了20世纪中期,人们对弗洛伊德理论的批

评主要集中在缺乏科学依据上。虽然他十分希望精神分析成为一门科学，但他从来没有用实证研究的方法去验证自己的理论，而只是在临床观察的基础上得出结论。

▶ **弗洛伊德的理论对当代文化有着怎样的影响？**

弗洛伊德对当代文化产生了巨大的影响。任何无意识的口误、玩笑或梦都可以直接用弗洛伊德的观点加以解释。童年经历对成人情绪相应的影响、性欲的重要性，以及当今的国际心理治疗产业，这一切都要归功于弗洛伊德。另外，弗洛伊德的思想也激起了20世纪许多蜚声国际的艺术家和作家的想象力，比如超现实主义者、弗吉尼亚·伍尔芙（Virginia Woolf）、阿尔弗雷德·希区柯克等。

约翰·华生和B. F.斯金纳

▶ **约翰·华生是谁？**

约翰·华生（John Watson，1878—1958）引领了行为主义在美国心理学领域的胜利。他反对冯特和詹姆斯将研究重点放在内省上的做法，认为心理学研究的唯一对象应该是可观察的行为。他认为内省的方法既不精确，又无法检验，因此只是不可靠的主观判断而已。由于受到俄国心理学家伊凡·巴甫洛夫条件反射原理的影响，约翰·华生将所有心理学都简化为刺激—反应链（stimulus-response chains）。

华生在研究初期曾观察过迷宫中的小鼠，后来又进一步将研究对象划分为动物和人两组，不过他认为动物的刺激—反应行为链与人类并无本质差异。换句话说，心理学中唯一有价值的课题就是动物或人如何对可观察的刺激做出反应。此外，他还提出这种研究的目的就在于预测和行为控制。

华生在1913年的著作《从行为主义者看心理学》(*Psychology as the Behaviorist Views It*)中表述了这样的观点。虽然后来行为主义不那么遭受冷遇，但直到20世纪中期，重视可观察行为和轻视主观经验的观点才在美国学术心理学界占据统治地位。

▶ 华生的个人生活有何不寻常之处？

华生的一生命途多舛、不同寻常、富有戏剧性。他出身寒微，其父酗酒成性，沉溺于声色犬马的生活，并有暴力倾向。华生年仅12岁时，他的父亲就抛妻弃子，离家而去。这样看来，华生似乎更可能走上犯罪的道路，而不可能成为一位心理学界的先驱者。事实上，在16岁成功说服美国南卡罗莱纳大学的校长准其入学之前，他就曾两度被捕入狱。

然而，他恳求大学校长时所展示出来的过人自信正是雄心壮志和大胆进取的表现，而这也恰恰是后来推动他事业成功的秘诀。他学识过人、成绩优异，完成本科课程后又读了研究生，在很短的时间内在美国芝加哥大学从助教升任教授。到30岁时，他已经担任美国约翰·霍普金斯大学心理学系的主任。37岁，他被任命为美国心理学学会（American Psychological Association）会长。

不幸的是，华生也是个好色之徒。在一次轻率的婚外恋中，他的妻子掌握了他不忠的证据，并将这些证据呈给大学校长，因此校长要求华生立即从学校辞职。在20世纪20年代，这样的丑闻会使一个人名誉扫地。因此，这件绯闻也终结了他的心理学事业。不过，华生很快走出了丑闻的阴霾，并最终在J.沃尔特·汤普森广告公司（J. Walter Thompson advertising agency）谋到一个职位，将其在心理学的专长应用于家居用品的广告宣传活动中。后来他和曾与他有染的那个女人结了婚，并生下两个孩子。不幸的是，她年纪轻轻就撒手人寰。很多人都认为，这对于华生来说是个毁灭性的打击。

我们可以试着推测一下华生痛苦不堪的童年和他选择研究心理学之间的关系。这完全是源自一个情感受挫的孩子长大后不愿袒露心灵吗？然而，无论行为主义对于华生来说有着什么样的吸引力，行为主义对美国心理学的统治都不能简单地归咎为某一个人的心理冲突。

▶ 伯尔赫斯·弗雷德里克·斯金纳是谁？

伯尔赫斯·弗雷德里克·斯金纳（Burrhus Fredericc Skinner, 1904—1990）

斯金纳因其行为主义的著作而闻名于世。

是著名的行为主义倡导者。他一生著作颇丰,其中包括《沃尔登第二》(*Walden Two*)和《关于行为主义》(*About Behaviorism*)。在这些著作中,他表述了在心理学方面的观点,并特别提出只有可观察的行为才是科学研究的唯一有效对象。与约翰·华生一样,他在公共关系方面天赋异禀,十分擅长使自己的观点成为公众关注的焦点。

斯金纳对行为主义作出了巨大的贡献,其影响也十分持久。他不但关心行为主义理论,也注重将其应用于日常生活。他最重要的两个贡献就是操作性条件反射和行为矫正疗法。此外,他对教学法和动物训练法也很感兴趣。虽然斯金纳激进的行为主义在过去的几十年间已不再流行,但他的核心思想仍然得到人们的认可。尽管他的思想无法解释人类的全部心理,但却为我们看待人类的行为提供了更广阔的视野。另外,他提出的很多方法已经成为众多学科的基础工具。

▶ 斯金纳的操作性条件反射的概念是什么?

在爱德华·桑代克早期的效果法则基础上,斯金纳阐述了动物和人类在奖惩中进行学习的方式。如果某行为受到奖励,该行为可能会重复出现;如果某行为受到惩罚,该行为则可能不会出现。通过对小鼠和其他动物的研究,斯金纳非常详细地探究了奖惩的时机、频率和可预知性将如何改变行为。这些操作性条件反射的基本概念被看作是人类和动物所有学习行为的基础。虽然现在我们知道很多操作性条件反射的思维形式十分复杂且无法解释,但这些原则确实使我们了解了大量关于学习和记忆的基本形式。

▶ 斯金纳对行为矫正疗法的贡献是什么?

斯金纳的另一个关键性贡献就是他将对小鼠和其他动物进行的实验室研究转化为一种心理疗法的新形式——行为矫正疗法。虽然约翰·华生已经指出,行为主义的目的是预测和行为控制,但他并没有成功地将具体技术应用于日常生活。

与华生不同,斯金纳制订了如何通过强化相倚操作(换句话说,也就是奖惩操作)来改变人类行为的规则。斯金纳更愿意采用奖励而不是惩罚的方式来达到矫正行为的目的,因为他感到惩罚所引发的问题远比它解决的问题还要多。他最初发展行为矫正疗法是为了治疗精神病患者,但这些疗法经过改进已经被应用于帮助青少年罪犯和有情绪障碍的孩子们。另外,人们还在训练动物、培养孩子和许多其他学科使用类似的方法。

 ▶ 斯金纳是在"斯金纳箱"中培养自己女儿的吗?

斯金纳还发明了一种婴儿游戏围栏,并将其取名为"空中摇篮"。这是一种照明良好、温度可控的大型儿童房。在他的第二个女儿德博拉(Deborah)出生后的几年中,就在这样的儿童房中生活。不过,这并不是那种老鼠只有压动控制杆才能获得食物的传统斯金纳箱,它更像是一个房间大小的婴儿摇篮。虽然有批评家认为他的女儿在这种怪异技术方法的培养下遭到了伤害,但斯金纳却一直宣称他的女儿不仅没有遭受痛苦,事实上,她还成了一名环境适应能力很强且受过大学教育的艺术家。

▶ 斯金纳箱是什么?

斯金纳的另一个创新就是他发明了斯金纳箱。这是对桑代克的迷津实验的又一次应用,科学家常用迷津实验观察动物如何从迷盒中逃脱。斯金纳的革新之处在于将动物的行为(如压动杠杆)和一个可计数的装置连接起来。这样,该行为的重复次数就会被自动记录下来。另外,通过这种方式,该行为的重复频率也可在不同的强化条件下进行比较。例如,将小鼠获得食物奖励时压动杠杆的次数和小鼠没有获得食物奖励时压动杠杆的次数进行比较。

▶ 斯金纳对于教育实践的贡献是什么?

斯金纳对将条件反射原则应用于教育也很感兴趣。他提出了"编序教学"的概念,也就是教给学生的知识应该以逐渐深入的顺序呈现。这样,学习过程是一步步前进的,学生每掌握一步就应给予一定的积极强化。尽管有人批评这样的方法仅局限于部分而非放眼全局,而且不利于培养创造性思维,但它仍是大多数计算机培训形式的基础。

让·皮亚杰

▶ 让·皮亚杰是谁?

让·皮亚杰(Jean Piaget, 1896—1980)是一位瑞士心理学家,也是认知发展研究方面的先驱者。不过具有讽刺意义的是,皮亚杰从未接受过心理学方面的正式训练。事实上,他获得的是自然科学博士学位。然而,与弗洛伊德和斯金纳一样,皮亚杰也是心理学界中最具影响力的人物之一。他很小的时候就在科学研究方面显示出异于常人的天赋。年仅10岁时,他就发表了关于白化症麻雀的科学论文,而出版社根本不知道其作者的年龄还如此之小。而还在他十几岁的时候,就用了4年时间在瑞士的纳沙泰尔自然历史博物馆从事为软体动物分类的工作。15—18岁,皮亚杰又出版了多篇学术论文。与此同时,他拜访了塞缪尔·科纳特（Samuel Cornut）神父，科纳特神父认为皮亚杰的学业应该侧重于自然科学。科纳特神父建议他学习哲学，而这点燃了皮亚杰对认识论的兴趣。诸如"什么是知识？""知识从何而来？"这样的问题成为他日后工作的基础。

智力测试对皮亚杰产生了怎样的影响？

皮亚杰在事业初期，曾在巴黎为西奥多·西蒙（Theodore Simon）工作。西蒙和阿尔弗雷德·比奈（Alfred Binet）是第一套成功的智力测试题——比奈—西蒙智力测试的作者。皮亚杰的工作就是记录5—8岁儿童的答案，以此来确定每个年龄段的预期分数。虽然他的工作是记录正确答案，但他却对每个年龄段的儿童在测试中表现出的典型错误很

让·皮亚杰的认知发展理论为我们了解儿童认知发展过程奠定了基础。[图片来源：美联社 / WideWorld 图片库（AP / WideWorld）]

感兴趣。这也激发了他研究儿童智力发展的热情。他终于找到了毕生要为之奋斗的事业。在接下来的60年时间里，皮亚杰详尽地研究了儿童行为。有了这些研究成果作为数据资料，他编著了大量关于儿童智力发展的作品，同时也改变了我们看待智力发展的方式。

皮亚杰发现了什么？

皮亚杰最大的贡献就在于使心理学家的关注点从"我们知道什么"转向了"我们如何知道"。他研究了头脑如何组织和转化信息，即头脑如何塑造信息。头脑不是一块空白的"屏幕"，也不是一架照相机或一面镜子，而是知识的

积极参与者。头脑先吸收信息，然后再积极地组织信息。同样的，它会通过塑造和转化信息来"构建"事实的观点。这种思想就是皮亚杰关于知识的"建构主义"观点。此外，头脑组织信息的方式在整个儿童发育期都会发生改变。因此，年幼的儿童不仅认识的事物比年龄稍大的儿童或成人少，他们的认识方式也是不同的。

▶ 皮亚杰的研究为什么重要？

弗洛伊德使我们了解了欲望，行为主义者使我们了解了行为，皮亚杰则使我们了解了思维方式和在整个儿童期思维方式的发展形式。也许皮亚杰比其他任何人都更清楚地向我们展示了我们认识周围环境的方式以及我们理解这一方式的过程。他的研究对心理学的许多分支，如发展心理学、认知心理学、教育心理学，甚至临床心理学都产生了深远影响。

▶ 皮亚杰对于"先天还是后天"的争论看法如何？

知识是先天的（天生的）——与生俱来的——还是后天的（通过经验学得的）？这是一个可以追溯到最早的希腊哲学家那里的古老辩题。皮亚杰用自己的方式解决了这个远古的问题。他提出知识既是天生的，又是学得的。"我们知道什么"是学得的，而"我们如何知道"则要依靠天生的能力。

▶ 儿童如何通过行动来学习？

虽然其他形式的信息也很重要，但皮亚杰认为儿童认识世界的最初也是最基础的方式就是通过行动。有了行动，儿童就可以探索他们周遭的环境。这些探索的记忆在他们的头脑中被编码成知识。然后，这些记忆就可以指导后来的经历，再反过来矫正他们关于世界的认识。例如，如果我们给一个孩子摇铃，而这个孩子偶然摇动了这个铃铛，使它发出声响，这个孩子就会饶有兴趣地再摇一下。之后，如果我们再给这个孩子一个摇铃，他马上就会摇动它。因为他已经形成了一个初步的概念，那就是摇铃就是用来摇的东西。

▶ 什么是图式？

图式是事件模式的描述或图示。从本质上说，它是一种认知结构的单元。婴儿对这个世界的知识就是通过行为图式或感觉–运动图式来获得的。这就意味着儿童能够通过即时的感觉或直接的行为了解世界，比如将大拇指放入口中或看自行车轮不断旋转等。在婴儿9个月大时，这些行为图式开始在头脑中独立存在。换句话说，他们能够在事件没有真实发生时就对其进行思考。这说明儿童的智力生活已经开始了。事件的心理表征被称为概念图式。概念图式的一个标志就是客体永存性，它一般在婴儿9个月大时出现。客体永存性就是说一个物体从婴儿的视野消失之后，他仍然会继续寻找。比如将摇铃藏在枕头下后，婴儿仍会继续寻找它。

▶ 什么是客体永存性？

让·皮亚杰的客体永存性是指即使一种物体不在眼前，也可以在头脑中保持其形象的能力。皮亚杰在对他自己的孩子的行为进行研究时提出了这个概念。他注意到婴儿在八九个月大之前，如果他将一种有趣的物体（比如摇铃）从孩子面前拿走，孩子不会再寻找这种物体。也就是说，一旦物体从眼前消失，也就从他们的头脑中消失了。不过，在婴儿发展了客体永存性之后，他们就会表现出寻找的行为。例如，当皮亚杰从孩子面前拿走一样玩具，并把它藏在枕头下面，孩子就会挪动枕头去寻找该玩具。这种寻找行为显示，即使当某物体不在眼前，孩子也可以想着它。

▶ 什么是同化和顺应？

同化和顺应是儿童获得新知识的两种方式。同化就是把新知识融入旧知识；顺应就是使旧知识适应新知识。这就是图式发展的方式。顺应意味着图式

会被新信息改变。例如，婴儿得到一个新摇铃，其形状与原来见过的摇铃不同。由于形状不同，婴儿必须以一种不同的方式去抓住它。这样，抓摇铃的图式就适应了婴儿的新行为。

同化是顺应的补充，同化指的是新信息被原来存在的图式接纳的方式。例如，婴儿面前出现一个新摇铃，他会努力去抓、去摇。这反映了婴儿试图用原来存在的摇铃图式去同化新行为。在整个发展过程中，同化和顺应的过程是同时发生的。

▶ 皮亚杰的理论遭到了怎样的批评？

皮亚杰由于仅注重知识的智力内容而饱受诟病。他几乎很少关注文化、情绪、观察学习和口授对认知发展的影响。确实，后来的研究已经证实，以上所有因素都会对儿童（和成人）知识的形成产生影响。然而，这并不能抹杀皮亚杰的贡献。它只是说明皮亚杰的理论在某些领域内是有局限的。他不能解释所有儿童的智力生活，但是在人类早期的认知发展方面，他确实作出了巨大的贡献。

▶ 皮亚杰的孩子们在他的理论的发展中起到了什么作用？

皮亚杰研究中的大部分基本观点都来源于他的3个孩子。他曾对杰奎琳（Jacqueline）、劳伦特（Laurent）和卢西恩（Lucienne）进行了有条理的密切观察。他们的妈妈是一位受过专业训练的心理学家，也参与了皮亚杰的这些研究。事实上，她曾是皮亚杰的学生。虽然我们可能质疑这些密切的观察可能会给他的孩子们带来一些情绪影响，但皮亚杰的这些调查从没有侵犯过孩子们，也并非特意为实验而设。他采取了一种自然主义方式，主要对他们的自然行为进行观察、询问他们对于自然事件的理解，或最低限度对他们的环境进行些许改变，例如操控玩具。

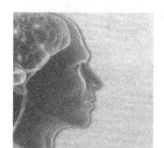

心理学理论的更迭

▶ **心理学的主要理论是什么?**

在心理学相当短的历史进程中,曾有过几次重要的理论运动。其中最重要的包括:行为主义理论(Behaviorism)、格式塔理论(Gestalt Theory)、精神分析和心理动力理论(Psychoanalytic and Psychodynamic Theory)、人本主义理论(Humanistic Theories)、依恋理论(Attachment Theory)、社会生物学(Sociobiology)理论、神经生物学理论(Neurobiological Theories)和认知科学理论(Cognitive Science)等理论心理学。其中一些运动是前期理论的自然发展结果,而另一些则与前期理论背道而驰。当代的心理学家大多不会将自己禁锢于某一种理论观点。然而,这些运动构成了心理学的历史,并将不断影响当代心理学家的研究与实践的方向。因此,在真正欣赏现代研究成果之前,了解一下心理学史上的主要理论运动对我们大有裨益。

行 为 主 义

▶ **什么是行为主义?**

行为主义是心理学的一个分支,它认为可观察的行为是唯一有价值的研究目标。行为主义者认为,我们无法对心理现象进

行客观的测量，所以也就无法证实。因此，他们关注的重点就是潜藏在行为变化——特别是经典性条件反射（或联合型条件反射或巴甫洛夫条件反射）和操作性条件反射——之下的过程。这些基本的学习原则在人类和动物——至少是哺乳动物和鸟类——身上同样发挥着作用。

　　行为主义的主要倡导者是约翰·华生（John Watson，1878—1958）、爱德华·桑代克（Edward Thorndike，1874—1947）和伯尔赫斯·弗雷德里克·斯金纳（Burrhus Fredericc Skinner，1904—1990）。尽管弗洛伊德的精神分析、教育心理学和心理学的其他精神学派先后出现，但直到20世纪中期，行为主义仍然是美国心理学界的主导力量。

▶ 桑代克的效果法则是什么？

　　爱德华·桑代克最初是亨利·詹姆斯（Henry James）的学生，不过他后来的研究与詹姆斯所痴迷的意识研究渐行渐远。从另一个角度说，他也是桑代克词典的作者。当桑代克还是个本科生的时候，他的研究对象是小鸡，后来观察对象又增加了小猫和小狗。桑代克将一只动物放在迷宫中或者只有一个出口的围栏中，然后观察动物如何逃离迷宫。他注意到动物最初总是在逃离的道路上无意犯错（如用嘴咬一根绳子等），经过不断尝试后才能找到迷宫的出口。不过，经过反复训练，动物找到出口的时间会大大缩短。

　　在这样的研究基础上，桑代克阐述了两条学习法则：一是效果法则，即行为的效果决定该行为被重复的可能性。换句话说，如果某行为带来了满意的效果（如猫拉动了绳子，门开了），猫就很可能再去拉绳子。相反，如果这一行为带来了负面的效果，动物就不大可能会重复这一动作。

　　这一观点为斯金纳后来的操作性条件反射理论奠定了基础。二是桑代克的练习法则也为联合型条件反射作出了贡献。练习法则指出，刺激与反应的联结力量要依靠它们联结的次数与程度。就这样，桑代克采纳了托马斯·霍布斯（Thomas Hobbes）等哲学家的联结主义，并将其作为一种科学范例来遵守。

▶ 什么是黑箱理论？

　　黑箱理论认为，大脑只是一个夹在刺激和反应之间的不透明的黑色箱子。

因为没有人能看到大脑的内部结构，所以不值得对其进行研究。行为主义者这种极端的反心理主义一直以来不断遭到批评，并于20世纪60年代被认知革命所终结。虽然行为主义者在行为变化的根本原则方面作出了非常宝贵的贡献，但他们贬低主观体验的做法也暴露了其极大的局限性。

▶ 行为主义者如何理解学习？

人们将行为主义描述为一种学习理论。不过，学习的心理过程需要用行为术语来表示。因此，为了回应一种特定的刺激而连续不断做出一种新行为时，就发生了学习。

▶ 伊凡·巴甫洛夫用狗做的著名实验是什么？

伊凡·巴甫洛夫（Ivan Pavlov，1849—1936）是一位俄国科学家，他最初的研究兴趣是动物的消化过程。在研究狗是如何消化食物时，他注意到快到饲喂时间时，如果动物看见主人或听见主人的声音，就会大量分泌唾液。换句话说，在食物还没有真正出现时，动物就会分泌唾液。巴甫洛夫最初觉得这个现象干扰了他所研究的消化过程，很是恼人，但后来这却成了他的研究重点。巴甫洛夫的研究为经典性条件反射理论——也就是联合型条件反射理论或巴甫洛夫条件反射理论——奠定了基础。

巴甫洛夫注意到，如果狗在喂饲时间快到时看见主人的身影或听见主人的声音，就会分泌大量唾液。他后来在此基础上发展了经典性条件反射理论。（图片来源：iStock 图像）

▶ 情绪的作用如何？

尽管严格的行为主义者避免使用所有的情绪术语，但学习理论还是要完全依赖于情绪。桑代克的效果法则及之后的操作性条件反射理论认为，一种行为增加或减少的可能性是由其情绪影响来决定的。如果某行为能够引发积极情绪（奖励），它再次出现的次数就会增加；相反，如果某行为引发了消极情绪（惩罚），它再次出现的次数就会减少。虽然了解动物的情绪更加困难，但现代科学家认为涉及学习理论的情绪过程——喜悦和痛苦的各种形式——既适用于人类也适用于动物。

▶ 什么是联合型或经典性条件反射？

联合型条件反射也被称为经典性条件反射或巴甫洛夫条件反射，是指人或动物以特殊方法对一种特定刺激有条件地做出反应的学习方式。如果一种中性刺激物与一种有情绪意义的刺激物配对出现，那么这种中性刺激物就会被与第二种刺激物联系起来，从而引发相同的反应。例如，如果一个孩子将一种特别的香味和慈爱的祖母联系起来，他就会对这种香味产生一种积极反应。相反，如果一个孩子将去看医生并和痛苦的打针联系起来，他就会对医生产生恐惧。这一基本概念被广泛应用于养育孩子、广告、政治竞选、成瘾治疗和动物训练等活动中。

▶ 条件刺激和无条件刺激有何区别？

无条件刺激是指引发自然的和非学得的反应的刺激物。例如，孩子在打针时不必学习感受疼痛；狗在吃东西的时候不必学习感受快乐。条件刺激原来是一种中性刺激，它通过与条件刺激的配对来引发某种反应。孩子用来和他的祖母相联系的香味就是一种条件刺激；孩子用来和打针相联系的医生也是一种条件刺激。

▶ 条件反应和无条件反应有何区别？

无条件反应是指与生俱来的非学得的反应，例如对祖母的爱和打针时的疼痛感。条件反应是学得的反应，例如对祖母香味的喜爱和对医生的恐惧。

▶ 经典性条件反射与日常生活有何联系?

在我们的生活中,经典性条件反射随处可见。如果我们讨厌某种食物(例如,讨厌鱼)、患有某种恐惧症(例如,怕狗)或产生某种积极联想(例如,将巴黎和浪漫之旅联系在一起),我们的行为就会表现出经典性条件反射。因此,很多广告公司都聘请年轻漂亮、衣着暴露的模特,这种做法绝非偶然。因为广告商希望顾客将他们的产品,比如洗衣机或汽车,与年轻、美丽和性感联系在一起。

▶ 经典性条件反射与动物行为有何联系?

由于动物(非人类)不具备(比如复杂)推理、符号思维和语言等更高的认知能力,所以联合型条件反射就是动物进行学习的主要方式。你的猫是否喜欢坐在沙发上发出满足的"呜呜"声?它是否将沙发与喜爱和关注联系在一起?当你穿鞋时,你的狗是否开始发出叫声并向你摇尾巴?它是否将你穿鞋的动作和外出散步联系在一起?

▶ 什么是操作性条件反射?

在伯尔赫斯·弗雷德里克·斯金纳倡导的操作性条件发射中,行为效果对行为的影响要大于刺激物的影响。操作性条件反射的基础是桑代克的效果法则。如果行为效果是积极的,该行为就会得到加强,并可能再次出现。如果行为效果是消极的,该行为就会受到惩罚,再次出现的可能性也会降低。

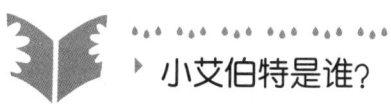

▸ 小艾伯特是谁?

从1920年起,约翰·华生就对一个名为艾伯特(Albert)的婴儿进行了一系列实验,以探究人类身上的条件反射。虽然这些实验成功地

支持了条件反射原理，但华生却完全忽略了该实验方法对婴儿的情绪影响。

　　当艾伯特9个月大时，实验者在他面前放了一些白色的毛绒玩具，其中包括白老鼠、白兔、白狗、白猴子、有白色绒毛的面具和没有白色绒毛的面具等。每当白老鼠出现的时候，就会伴有用锤子敲击铁管而发出的巨响。几次之后，小艾伯特只要见到白老鼠就会产生恐惧感。后来的实验显示，艾伯特的恐惧反应逐渐扩大到其他的白色毛绒玩具，包括白兔、白狗和圣诞老人面具等。直到实验结束后的几个月，艾伯特的这种恐惧感仍然存在。

　　如今，所有的实验机构都要设立人类受试者审查委员会，用来保护实验受试者的权利。

▶ 什么是强化刺激？

　　强化刺激是增加重复某行为可能性的行为结果。例如，如果一个孩子在大发脾气后会得到一个冰激凌，那么发脾气这个行为就会被强化。强化刺激可能是正强化刺激，也可能是负强化刺激。

▶ 正强化和负强化有何区别？

　　正强化也被称为奖励，是指一个行为的积极结果，它会增加该行为再次出现的可能性。例如，员工

一个正强化的例子：一只老鼠由于成功走出迷宫而获得奶酪。（图片来源：iStock 图像）

在工作后会得到工资,做得好的人会受到称赞。负强化与惩罚不同,它是指作为有针对性的行为的结果消除负面条件。比如你通过节食达到减肥的目的,这就是负强化。

20世纪80年代,一个身背萨克斯管、带着一只小猫的人经常出现在纽约的地铁站。如果过路的行人不给他钱,他就会用萨克斯管弄出最嘈杂的噪声。这个人就利用了负强化原理(尽管这也可能被称为勒索)。

▶ 惩罚的有效性如何?

惩罚与一种行为的负面效应有关,其目的是阻止该行为频繁出现。如果孩子因为打架而被限制活动,这就是惩罚。父母的目的是使打架这种行为不再出现。同样,刑事司法制度也是依靠惩罚来维持法律社会的安全有序。不过,虽然惩罚的效果极其显著,但也有不足。尽管早期的行为主义者不将心理问题纳入考虑的范围,但很明显,如果对惩罚的使用过于频繁,就会引发愤怒、恐惧、怨恨等情绪,从而滋生反面的心理状态,人们就会在这一制度中欺诈作弊,更加不愿遵守社会规则。斯金纳对惩罚也采取了不信任的态度,他认为惩罚只能起到短期效果,并不能教会人们其他行为。

▶ 操作性条件反射与日常生活有何相关?

很显然,操作性条件反射几乎存在于日常生活的各个方面。我们得到工作报酬、经理称赞我们、朋友因我们的周到而表示感谢、由于滞纳税金而受罚,甚至因违章停车而被罚款等,都是操作性条件反射在起作用。

▶ 操作性条件反射与动物生活有何相关?

大多数训练动物的活动都与操作性条件反射有关。当我们用水枪喷射猫时,它会一下从餐台上跳下来;狗在地上打个滚后,我们给它食物,这些都是操作性条件反射。甚至鸽子在连续的奖励行为之后也能完成某种特定的行为,比如用嘴啄杠杆等。

▶ 什么是消退？

当刺激物和反应之间（在经典性条件反射中）或行为和强化之间（在操作性条件反射中）的联系开始逐渐减弱时，一种行为就开始消退。当一种行为不再出现，它就消失了。如果消退的行为从一开始就不受欢迎，那么这种消退是积极的。但如果消退的行为是有价值的，那么这种消退就是消极的。总的来说，当一种行为不再伴有先前的强化或无条件刺激，该行为就会消退。例如，如果不再付给员工工资，他们就可能停止工作。如果穿上鞋后不再带狗出去散步，那么每次你穿鞋的时候它就不会再发出叫声和摇尾巴。运动鞋和散步之间的联系就会消退。

 **经典性条件反射和吸毒之间有何联系？**

经典性条件反射在吸毒过程中处于中心地位。戒毒治疗的重点常常在于控制欲望。吸毒的欲望往往十分强烈，通常导致努力戒毒的人毒瘾复发。欲望常通过经典性条件反射的过程，由外部或内部的刺激物引发。换句话说，当人遇到吸毒的提示（如吸毒用具或以前常去喝酒的酒吧）时，这种联系就会激发欲望。这基本上也是巴甫洛夫在狗的实验中注意到的同样的条件反射过程。外部提示包括环境因素（如人、地点和东西等），内部提示包括情绪、想法和从前引发吸毒的身体感觉等。

▶ 强化条件如何影响学习？

尽管条件反射的原理十分易于理解，但在实际生活中它们并不简单。有很多因素都会影响条件反射的有效性。时机——特别是区分无条件刺激和条件刺激——非常重要。如果穿鞋的动作发生在遛狗之前很久，就很难将鞋与遛狗联系在一起。

同样的,强化应紧跟行为之后,这样行为才能和结果发生联系。例如,为什么直到现在人们对"全球变暖"仍知之甚少?这就是因为我们几十年前就已听过这个词,而其后果又不是即时出现的。同理,为什么青年人很难培养起健康的生活习惯?就是因为他们自我关注的后果直到几十年后才会显现出来。强化的进度也会影响学习。是不是每种行为在出现时都需要被强化?什么样的强化在抵抗行为消退方面最有效?

▶ 为什么用间断强化抵抗消退更加有效?

间断强化是指仅间歇性地对行为进行强化,这是阻止行为消退的最佳方法。如果人们不在行为出现的每一次都进行强化,那么即使行为不被强化,他们也不太可能阻止该行为出现。他们需要更长时间才能使该行为停止。更进一步讲,如果当这种间断强化是不可预知的,那么它抵抗消退的作用就会越大。

 ▸ 间断强化如何被应用于赌博中?

赌博时对下注行为的奖赏既是间断的,又是不可预知的。当赌博者下了注却没有赢钱时,他们会继续下注,并认为自己迟早会赢上一把。相反,如果赌博者每次下注都赢钱,那么他们只需付出较少的代价,就可以解除下注和赢钱之间的关系或使赌博行为消退。就这样,赌场利用了间歇的和不可预知的强化程序使赌博者越陷越深。

▶ 行为主义的坚实拥护者中开始发现行为主义的哪些问题?

随着行为主义的不断推进,其局限性也逐渐明显起来。仅仅应用行为主义理论已经无法解释动物的行为。例如,斯金纳曾经认为只要采取了合适的强化程序,任何动物都可以学会任何行为。不过事实并非如此。同样的一种行为,某

些动物学起来很简单，而另一些动物学起来则很难，还有一些动物根本学不会。例如，老鼠可以很容易学会压动杠杆得到食物，但是猫学起来就费劲得多。这些发现证明，每种动物的基因决定了它们能学什么和不能学什么，它们能够学习的范围是有限制的。

▶ 为什么托尔曼的贡献标志着行为主义末期的开始？

爱德华·切斯·托尔曼（Edward Chace Tolman, 1886—1959）是一位忠诚的行为主义者，他曾用小鼠进行迷宫实验（这是行为主义研究者十分热衷的课题）。他在实验中经常观察到仅用刺激—反应理论无法解释的小鼠的行为。他注意到迷宫中的小鼠常常停下来四处张望，在选择一条特别的道路之前要一一检查其他通道。他只能用某种心理过程来解释这一行为（和他观察到的其他类似行为）。迷宫的地图似乎就在小鼠的头脑中，能够为它指示方向。这样，托尔曼将"头脑"的概念引入了行为主义的堡垒。小鼠迷宫实验证实了心理过程——对一个问题的某种思考方式——的存在。

▶ 小鼠迷宫实验如何展示了心理过程？

托尔曼将期待、心理地图等概念引入了行为主义。小鼠和其他动物不是简单地对每种行为的奖励次数做出反应，并自动重复最常被奖励的动作。某些思维过程也在刺激和反应之间进行着调节。更特别的是，小鼠在以前经验的基础上对事件即将出现何种结果产生了一系列期待。这样，它们会将自己的期待和新情景下的强化进行比较，然后再做出决定。这种心理地图和皮亚杰提出的心智概念图示基本一致。心理地图已经成为认知心理学、发展心理学和临床心理学等许多心理学领域的重要概念。

▶ 什么是认知革命？

20世纪50年代和60年代，许多领域的发展汇聚起来，引发了理论心理学的爆炸性转变——认知革命。其他很多领域的研究，诸如人类学、语言学和计算机科学等，都转向了对心理过程的科学研究。在心理学的范围内，对记忆、感知、人格特质和其他心理现象的研究不断取得进展。

　　甚至正统的行为主义者也无法绕开心理过程。随着各领域的发展，头脑再次成为有价值的研究对象。人们抛弃了心理学的黑箱理论，认知（即思维过程）成为关注的重点。其中主要的贡献者包括乌尔里克·奈瑟尔（Ulric Neisser）、霍华德·肯德勒（Howard Kendler）、乔治·曼德勒（George Mandler）和琼·曼德勒（Jean Mandler）。由于人们对认知过程的兴趣不断深入，一种早期运动首先在欧洲复兴，第二次世界大战后传入美国，这就是格式塔心理学。

格式塔理论

▶ 格式塔心理学的基本概念是什么？

　　格式塔心理学始于20世纪初，它为当时的理论心理学，特别是华生的行为主义和冯特的结构主义提供了重要的对照理论。然而，直到它出现的几十年后，其全部影响才显现出来。1910年，格式塔心理学起源于马科斯·韦特墨（Max Wertheimer，1880—1943）对运动感知的研究。

　　格式塔心理学的中心观点就是头脑会主动将信息编入一致的整体或格式塔中。换句话说，头脑不是感觉刺激的被动接收器，而是信息的主动组织者。此外，知识并非孤立的信息片段的集合体。相反，头脑会利用孤立信息片段之间的关系创造出一个整体。格式塔心理学是一种整体性理论。

▶ 什么是格式塔？

　　格式塔是指感知的整体，是由部分之间的关系创造出来的。我们对于这个世界的感性认识就建立在我们对这些关系的了解上。例如，请想一想，我们是如何认出桌子的。尽管桌子有大有小、颜色有深有浅、材质可能是金属或木质的，但如果一个物体拥有水平的表面，下面有一个或多个支撑，我们就会认为它是桌子。它的格式塔是由其各个部分之间的关系决定的。

▶ 格式塔思想如何适应感知？

格式塔心理学反对认知仅来源于感觉器官的刺激的假设。由于环境不同，感觉刺激的来源也不同，所以如果我们的头脑不能主动组织感知并辨认出格式塔，我们就无法在不同环境中将物体或人辨别出来。例如，即使我们的邻居减了体重减少、换了衣服、剪短了头发，我们仍能认出他是同一个人。很显然，在每一种情况下，感觉信息都发生了变化，但我们却仍可以认出我们的邻居。

▶ 格式塔理论的先驱者是谁？

马科斯·韦特墨被认为是格式塔理论之父。他最初的兴趣来源于坐火车时注意到的运动错觉。虽然车外的景物是固定不动的，但火车飞驰向前时景物却似乎在后退。我们大多数人都有过这样的经历，然而对于韦特墨来说，这种现象却是打开头脑运转秘密的一扇独特窗子。1910年，他在德国的法兰克福大学开始研究，他的助手是两名年轻的心理学家——沃尔夫冈·柯勒（Wolfgang Kohler, 1887—1967）和库尔特·考夫卡（Kurt Koffka, 1886—1941）。他们在一起通过大量的实验对运动错觉进行了研究。韦特墨将其命名为动景运动，他们对动景运动的研究是终其一生共同致力于格式塔研究和格式塔理论的开始。

▶ 格式塔理论为什么非常重要？

可以说，格式塔理论的重要性更在于它深刻的哲学含义，而并非其研究结论的某些细节。第一，由于使用可靠的实证来证明其原理，格式塔理论将头脑重新放入了理论心理学的范畴。第二，格式塔理论引入了整体的范例，这与行为主义和结构主义的联想主义方法截然不同。联想主义认为，复杂的知识完全来源于简单记忆的联想。但格式塔理论家认为这种想法过于简单因而摒弃了它，因为他们相信，复杂的知识也是通过模式认识和整体识别而整体发展起来的。

▶ 格式塔理论中的整体观和当时的科学世界观有何分歧？

19世纪末和20世纪初，当心理学正逐渐成为一门科学时，自然科学领域已

格式塔理论家对视错觉十分钟爱,因为这能向人们证明头脑主动将感觉信息组织起来的方式。有时我们看到的东西并不是真实的,这一事实显示,我们的感知并不仅仅是现实的精确副本。在右侧的图片中,这些小圆点看上去既像是凸起的(一排排的按钮),又像是凹陷的(一排排的小洞)。不过请注意,你只能将它们看成是按钮或小洞,却无法同时感知这两种情况。

仔细看,这些小圆点既像是凸起的,又像是凹陷的。这取决于观看者如何感知它们。(图片来源:iStock 图像)

想要转换你的感觉,你必须要看着别处,比如圆点之间的平地,而不能盯着这些圆点看。

经取得了大量令人叹为观止的成就。非凡的技术转变接踵而至,当时的最新发明——电话、汽车、电影等——深刻地改变了整个社会。科学在工业获得广泛应用,这使人们普遍认为了解现实的唯一有价值方式就是应用自然科学中的方法。这些方法主要反映了推理的分析方式。

换句话说,了解复杂现象(例如人类心理)的方法就是将其分解成最小单位(例如刺激—反应联系)。复杂本身并无重要性可言,它只不过是更小部分的集合体。整体就是部分的总和。不过,格式塔理论家对这一还原论的假设提出了质疑。他们的兴趣点是综合推理。你如何将部分重新组合在一起? 如果少

了部分之间的关系，你如何能组成整体？它们的核心问题就是"整体大于部分之和"。

▶ "整体大于部分之和"是什么意思？

　　"整体大于部分之和"是格式塔心理学最著名的贡献之一。格式塔心理学家相信，整体的特性可以独立于其组成部分而存在。例如，人是由细胞和组织构成的。从更细微的角度来看，人是由原子组成的。但是，如果仅仅研究原子的行为或细胞，我们能够解释爱、性格、偏见，甚至是对音乐的品味吗？格式塔理论家得出的结论是"不能"。整体的特性不是部分特性之和。虽然格式塔理论最著名的部分是对感知的研究，但这个核心概念却已经被应用于心理学的各个领域，影响了皮亚杰式的发展心理学家、认知心理学家和精神治疗师。

▶ 威廉·詹姆斯的功能主义如何为格式塔理论奠定了基础？

　　格式塔理论和詹姆斯提出的意识整体流动有着诸多共同点。就像韦特墨和他的同事一样，詹姆斯也认为我们不能仅依靠将整体拆分成部分的方式来了解现实。为了理解现实，我们必须把它看作一个整体。不过，格式塔理论家认为詹姆斯在反对还原论的假设方面做得还不够。然而，这对于1910年就已辞世的詹姆斯来说可能并不公平，因为正是在同一年韦特墨才对运动感知产生了兴趣。

▶ 还有哪些感知原则来源于格式塔理论？

　　格式塔心理学提出了一系列头脑组织感知信息的法则。其中包括接近法则、相似法则和闭合法则。前两条法则指出，放置位置相近的物体

（接近）或彼此相似的物体（相似）容易被组合在一起形成一个格式塔。头脑会将它们组成一个整体。而闭合法则则反映了我们倾向于填补格式塔中的空白。例如，当我们看到一个缺失了某些部分的圆，我们仍会将其看作一个圆形。进一步来说，头脑会根据最简单的解决方案将部分组合成整体。

▶ 沃尔夫冈·柯勒在顿悟学习方面的研究成果是什么？

沃尔夫冈·柯勒是韦特墨最亲密的伙伴之一。从1913—1920年，他一直在特内里费岛（Tenerife）的类人猿研究站（Anthropoid Research Station）担任主任，特内里费岛属于沿非洲西北部海岸线的加那利群岛（Canary Island）。他原本计划在特内里费岛工作很短一段时间，由于第一次世界大战的爆发，直到几年之后他才得以离开。不过在特内里费岛时，柯勒对黑猩猩解决问题的行为进行了一系列重要的研究。他在房间中将香蕉串挂在黑猩猩够不到的范围之外，然后观察它们如何够到香蕉。

虽然并不是所有的黑猩猩都能成功解决这个问题，但够得到香蕉的黑猩猩所表现出来的行为却是相似的。例如，它们通常是跳起来或伸长胳膊去够香蕉。当没能抓到香蕉时，它们会沮丧、大叫或踢房间的墙壁。最后，在环视整个房间之后，它们通常会想出解决的办法，其中包括把附近的物体当做工具来使用。有的黑猩猩会拖过一个箱子，放在香蕉所在位置的下方，然后爬到箱子上去够香蕉。还有一些猩猩将多个箱子摞在一起来达到自己的目的。另外，还有的黑猩猩将两根短棍绑在一起做成一根长棍去够食物。

▶ 这些研究表明了什么？

这些研究表明了两个问题。第一，动物只有在观察整体的环境后才能找到解决问题的办法。它们不会将注意力只集中在一件物体上，而会将整体环境纳入考虑范围。第二，问题不是像行为主义者预测的那样通过奖罚的反复试验解决的。相反，动物会马上获得完整的解决问题的办法。换句话说，黑猩猩不是通

过零散方式而是以整体方式解决问题的。柯勒把这种整体的解决问题的方式称为顿悟学习。

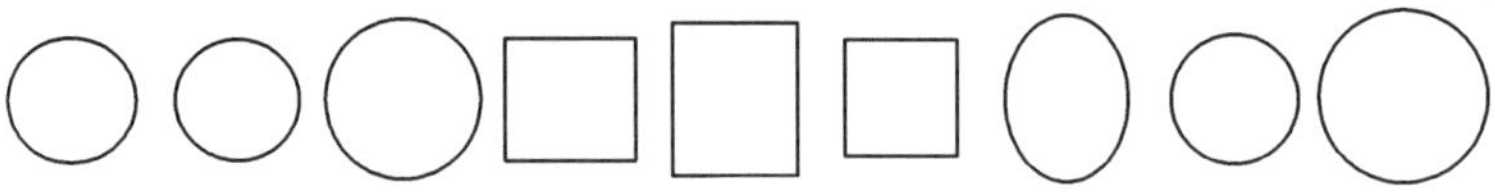

相似：相似的物体被组合在一起成为一个格式塔。这里你看到的是九个图形，还是两组椭圆形围绕着一组正方形？

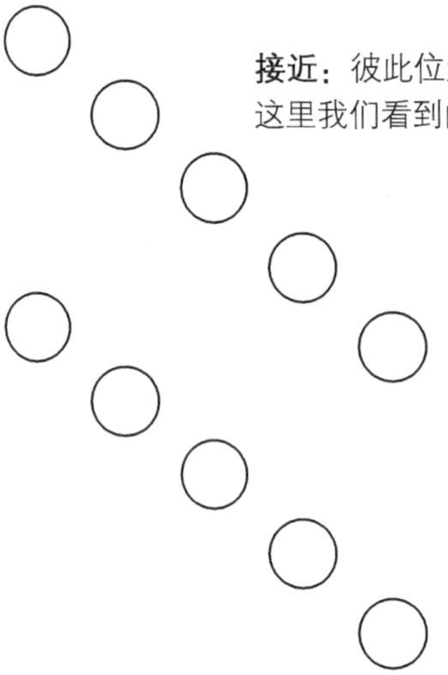

接近：彼此位置相近的物体可被看做是一个简单的格式塔。这里我们看到的是两条由椭圆组成的斜线。

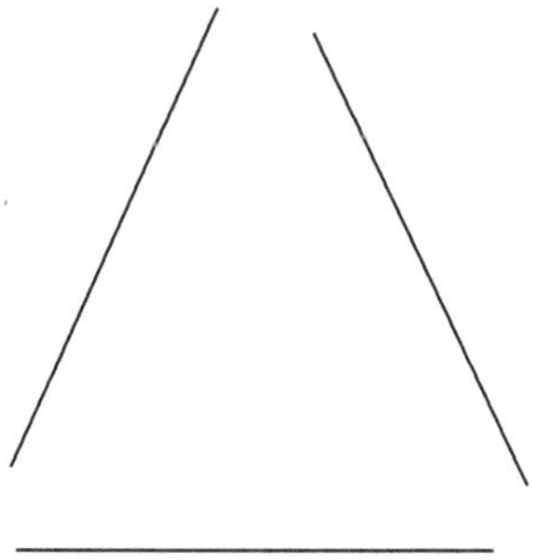

闭合：我们倾向于填补感知中的空白，然后从不完整的信息中创造格式塔。你在上面看到的是一个三角形还是三条毫不相关的线段？

这幅用来解释格式塔法则的图也应用了格式塔法则。请注意你是如何将每幅图和它旁边的文字结合起来的。这也是一个接近法则的例子。

▶ 柯勒是德国间谍吗?

对于第一次世界大战期间柯勒滞留在加那利群岛的做法人们有着很多争论。很多人——特别是英国的情报机构——认为柯勒是一名德国间谍。很显然,他们认为柯勒对黑猩猩和香蕉的痴迷根本不是个充分的理由。一些当代作家也相信,尽管有证据表明他不只是一名格式塔心理学家,但这仍是个悬而未决的谜。

▶ 沃尔夫冈·柯勒如何利用黑猩猩来研究顿悟学习?

沃尔夫冈·柯勒对黑猩猩解决问题的方法进行了一系列著名的研究。他将香蕉串挂在动物刚好够不到的地方,然后观察它们如何想出够到香蕉的办法。黑猩猩起初非常沮丧,后来它们猛然顿悟可以把手边的物体作为工具来使用。这种顿悟就像是灵光乍现。有的黑猩猩将两根木棍绑在一起去够香蕉;有的黑猩猩将3个箱子摞在一起,去够挂在天花板上的香蕉。这除了向我们证明了黑猩猩是一种很聪明的动物之外,也支持了格式塔观念——头脑可以主动创造解决问题的全套方法。不过行为主义认为,只有通过反复试验的零散方式才能解决问题。由此可见,柯勒的实验观点与行为主义的观点截然相反。

▶ 格式塔心理学与格式塔心理疗法有何区别?

格式塔疗法是20世纪40年代弗里茨·珀尔斯(Fritz Perls)创立的心理疗法的一个分支。它与来源于韦特墨感知实验的格式塔心理学截然不同。格式塔疗法通常被认为是人本主义心理学的一部分,它融合了来自现象学和存在主义的哲学分支,还有精神分析和格式塔心理学的原则。

精神分析理论

▶ 什么是精神分析理论？

行为主义在20世纪的前50年一直统治着美国理论心理学。在同一时期的欧洲和美国，精神分析也在临床心理学，即变态心理研究中占据着主导地位。精神分析的地位之所以显著，就是因为它提供了一套精神病理学的综合理论和治疗精神困扰的心理方法。公平地说，后来的精神病理学和精神疗法中的大部分理论在很大程度上都要归功于精神分析。

虽然精神疗法的许多分支都与精神分析相悖，但它却是应精神分析而生的，因此属于其派生物。事实上，精神分析理论包括许多理论著作，其起点就是西格蒙德·弗洛伊德在19世纪末的作品。从弗洛伊德开始，精神分析出现了众多流派，其中包括自我心理学、人际精神分析、客体关系流派等。所有这些流派都是在20世纪中期形成的。新近形成的流派包括自体心理学和关系理论等。

▶ 随着时间的推移弗洛伊德改变了他的理论吗？

弗洛伊德在长期的职业生涯中曾几易其理论。他最初提出用诱奸理论来解释19世纪末一种常见的疾病——歇斯底里症，患者只有身体不适，但找不到依据。诱奸理论指出，歇斯底里症来源于早期的诱奸经历，我们现在称为儿童时期性虐待。不过19世纪90年代，弗洛伊德抛弃了这种理论，转而关注潜意识性幻想。换句话说，歇斯底里症的症状是由患者的潜在愿望而不是真实事件的记忆造成的。此外，弗洛伊德还从关注意识和潜意识关系的拓扑学理论转向了注重本我、自我和超我的结构理论模型。最后在20世纪20年代，他又在本能理论中增加了死之本能的概念。

▶ 什么是拓扑学模式？

在弗洛伊德的拓扑学模式中，头脑被分为三个部分：潜意识、前意识和意识。在潜意识中，个体察觉不到头脑的想法，这里是存在于意识之外的禁忌欲望和危险欲望的藏身之地。在前意识中，头脑的想法能够进入意识，但却尚未进入。意识和前意识之间并没有意识和潜意识间的阻隔。头脑的意识部分包含我们意识中的全部头脑的想法，与潜意识相比却微乎其微。

什么是结构理论模型？

结构理论模型使将头脑分为意识和潜意识的拓扑学模式黯然失色。尽管弗洛伊德仍然相信潜意识的过程，但他却对将头脑分为本我、自我和超我越来越感兴趣。本我（id）最初的写法是"the it"，包含着必须归顺于文明的兽性的欲望。本我遵循快乐原则，也就是愿望即是现实，欲望不屈从于束缚。自我（ego）的拉丁文写法是"the I"，是本我和现实的调节者。自我遵循现实原则，能够认识到世界并不总是服从于我们的欲望。超我（superego）是道德的源泉，是通过我们将父母制订的规则内化而形成的。严格的超我会使人的行为含羞而守旧，而如果超我较弱则会出现自我放纵、不道德的行为。

弗洛伊德的原欲理论是什么？

在整个职业生涯中，弗洛伊德一直认为原欲理论是人类一切行为背后的首要动机。原欲可被大致解释为性本能，但实际上指的却是所有的官能快乐。按照弗洛伊德的观点，作为快乐原则的一部分，本能要求释放。只有通过释放本能的能量减少压力，才能获得快乐。如果本能不能获得释放，它就会像顺流而下的河水，总要找到另一个出口。这种关于人类动机的机械论观点被称为水力模型。

弗洛伊德对死之本能有何说法？

第一次世界大战之后，弗洛伊德在他的本能理论中增加了死之本能的概念。死之本能解释了人类的破坏力。因为快乐只能通过减压来获得，因此必须有一种驱动力，使人达到一种完全静止的、完全没有压力的状态。而这种状态就是死亡，因此才出现了死之本能。现在我们认识到快乐来源于压力的积累，也来自压力的释放。

西格蒙德·弗洛伊德1939年移居英国伦敦，这是他在伦敦的办公室。患者躺在沙发上，弗洛伊德则坐在他们身后的椅子上。[图片来源：莉萨·J.科恩（Lisa J. Cohen）提供]

▶ 弗洛伊德为何如此关注性？

尽管从现代眼光看来，将研究重点放在性上可能显得十分怪异，但很重要的一点是我们要将弗洛伊德放在他所处的时代进行考量。他胸怀壮志，一心想创立一套无所不包、能够解释所有人类行为的科学理论。利用19世纪的技术方法，他不断寻找着能够解释一切人类行为的力量。此外，弗洛伊德生活在维多利亚时代，那是一个谈性色变的古板年代，性压抑状况在欧洲中上阶层可能相当普遍。他的女患者所表现出来的许多心理症状也很可能都与性压抑有关。不过，随着时间的流逝，包括原欲理论和性心理发展阶段在内的弗洛伊德的许多理论都演变成情绪和人际术语。

▶ 什么是恋母情结阶段？

弗洛伊德认为与不同年龄的性感带不同一样，原欲本能也要经历一系我们一直感到疑惑，是否由于弗洛伊德自己家庭的特殊构成才使他对恋母情结问题特别敏感？弗洛伊德的父母年龄相差20岁，而弗洛伊德与他母亲的年龄也相差20岁。弗洛伊德是他母亲的第一个孩子（但不是他父亲的第一个孩子），因此他终生都和母亲保持着特别亲密的关系。他的母亲95岁去世，9年后弗洛伊德辞世。

列的发展阶段。在性器期（大概4—7岁），小男孩要经历恋母危机，从而形成超我。在这个年龄段，小男孩会爱上自己的母亲。他会把父亲当成竞争对手，并对其产生极度的愤怒感，但这种愤怒感会因为对父亲力量的恐惧而受到控制。他害怕父亲会报复性地切掉他的生殖器，这种恐惧被称为阉割焦虑。

为了摆脱这种进退两难的局面，小男孩理解了他的父亲，并意识到他也会长成和父亲一样的男人，然后拥有只属于自己的妻子。这种对父亲权威的内化被看作超我和小男孩道德发展的基础。不过，弗洛伊德对于如何解释女性的道德发展并不确定。于是，他提出假设，由于女性显然不会有阉割焦虑，所以她们的超我也比较弱。虽然这一理论的细节遭到了女权主义者和发展心理学家的猛烈抨击，但我们常常在这个年纪的孩子身上观察到恋母行为，看到他们对年长的异性表现出明显的爱恋行为。

今天人们如何看待弗洛伊德的理论？

从精神分析法创立之初，弗洛伊德的身边就始终围绕着忠实的拥护者和坚决的诋毁者。精神分析曾被唾骂为彻头彻尾的欺骗，弗洛伊德的著作也曾被奉为永不失效的圣经。从某种程度来说，如今事实仍然如此。不过，我们在对行为和大脑研究上所取得的进步已经证实，尽管弗洛伊德在很多细节上犯了错，但他又常常在一些方面有着敏锐的洞察力。例如，现

代神经科学已经证实了额叶和大脑边缘系统与自我和本我有着惊人的相似之处。

▶ 心理精神分析理论多年来有着怎样的变化？

迄今为止，精神分析法有了很大的发展。在当代精神分析中，客体关系、自体心理学和关系理论流派已经将弗洛伊德最初的思想转化为人际术语。研究的重点也从性本能转向了对早期儿童关系如何影响成人与他人交往能力和控制情绪能力的思考。依恋理论原则和有关自我反省机能的观点［可以在彼得·弗纳吉（Peter Fonagy）和玛丽·塔吉特（Mary Target）的著作中找到］也构成了当代的精神分析内容。可以说，精神分析概念和目前神经科学所取得的进步共同构成了精神分析理论的最前沿部分。

荣格的分析心理学

▶ 卡尔·古斯塔夫·荣格是谁？

瑞士精神病学家卡尔·古斯塔夫·荣格（Carl Gustave Jung, 1875—1961）曾是弗洛伊德最亲密的合作者，后来他创立了自己的分析心理学流派。虽然荣格的分析心理学很显然是以弗洛伊德的精神分析作为基础，但它却从对原欲的研究转向了对一种神秘的、关于人类潜意识的理解上。有趣的是，荣格出身于一个牧师世家，他的父亲是瑞士归正教会（Swiss Reformed Church）的一位牧师。

在职业生涯的早期，荣格在瑞士苏黎世著名的伯格赫兹利诊所（Burgholzli Clinic）工作，跟随名声显赫的精神病学家，也是精神分裂症术语的创始人——尤金·布鲁勒教授（Eugen Bleuler）一起进行研究。在这里，荣格参与了字词联想反应研究，通过人们将字词分类的方式来探求潜意识的意义。这项工作使他接触到弗洛伊德的精神分析。1907年他第一次和弗洛伊德会面，随后两人开始了紧密而富有效率的合作。不过好景不长，在1912年荣格出版的一部著作中批评了弗洛伊德的作品后，两人不欢而散，从此分道扬镳。从1913年开始，荣格将自己的研究称为分析心理学，以区别于弗洛伊德的精神分析。

▶ 荣格与弗洛伊德的关系如何？

荣格曾是弗洛伊德十分喜爱的追随者，后由于学说立场不同而分道扬镳。荣格在精神分析界很快声名鹊起，担任一本精神分析杂志的编辑和国际精神分析学会（International Psychoanalytic Association）的主席。弗洛伊德支持荣格的部分原因是作为一个非犹太人，荣格为犹太人和欧洲更广泛的非犹太科学界搭建了桥梁。此外，荣格和尤金·布鲁勒的关系也为精神分析获得更多的尊重提供了保证，而这正是弗

卡尔·古斯塔夫·荣格（1875—1961）原本是弗洛伊德的追随者，1912年两人分道扬镳，荣格创立了自己的分析心理学流派。[图片来源：美国国会图书馆（Library of Congress）]

洛伊德所期望的。不过，由于弗洛伊德一直坚持性欲是唯一动力，这渐渐使荣格很不舒服。他同意弗洛伊德关于心理动机的能量基础理论——常态和变态心理过程是能量流的产物——但他认为性欲仅是人类动机中很小的一部分。

另外，这两个人在气质上也有很大差异。荣格天性神秘，也许是受到家庭宗教传统的影响，终生都对神秘学情有独钟。相反，弗洛伊德则是一个狂热的理性主义者，他认为宗教只不过是神经官能症的早期表现形式。因此，除了作为临床资料之外，弗洛伊德也不可能推崇神秘学。

▶ 荣格关于潜意识的观点与弗洛伊德的观点有何不同？

与弗洛伊德一样，荣格认为头脑可分为意识和潜意识，意识部分只包含

 卡尔·古斯塔夫·荣格为什么对东方的曼陀罗情有独钟?

曼陀罗是佛教和印度教僧人创造出的宗教艺术品。荣格对东方宗教情有独钟,并将曼陀罗看成是一种人格的象征。对于荣格及其追随者来说,曼陀罗的结构——4个角簇拥着中心圆——代表着个人发展的道路。在个人成长中,我们试图将人格中相反的力量(4个角)集中在一种综合的、无所不包的自我意识(中心圆)中。为了获得这种意识,我们必须向内寻找,这就好像曼陀罗的外角要向内指向中心圆一样。

心灵的一小部分。此外,他和弗洛伊德都认为被压抑和禁止的想法会有意地游离在意识之外,进入潜意识。不过,与弗洛伊德不同的是,荣格将潜意识进一步划分为个人潜意识和集体潜意识。个人潜意识包括由于遗忘或压抑而游离在意识之外的个人经历。个人潜意识的内容来源于个体的生活经历。然而集体潜意识具有人类进化的全部优势。它包括在普遍环境下人类做出的全部典型反应。它不仅局限于个体生活,更包含广阔的人类存在的客观事实。

▶ 指引我们意识觉知的人格特质是什么?

荣格划分了人格特质的类型,这对人格心理学产生了重要的影响。他将意识头脑分为功能模式和对世界的态度。功能模式是指人们处理信息的方法。由于认为头脑是由彼此牵制的对立物组成的,荣格提出了两组对立性:思维和感受;直觉和感觉。这两组对立性的含义彼此不同。你不能同时既通过感受又通过思维去处理信息。每组对立性的一个方面总是居于主导地位,而另一方面则降入潜意识。外向性和内向性是对待外部世界的态度。外向性主要注重外部现实,看重其他的人和物;而内向性则重在内省,关注内在的主观经验。

曼陀罗是印度教和佛教传统中的宗教图案。[图片来源：Fortean超自然现象图片库（Fortean Picture Library）]

▶ 哪些性格测试来源于荣格的人格理论？

迈耶斯—布里格斯测试（Myers-Briggs Test）是一项著名的性格测试，它常用于职场以区别员工不同的性格特点。这一测试使用了上述三组对立性：内向性与外向性；思维和感受；直觉和感觉，并在此基础上增加了另外一组——判断与感知。外向性也是运用与人格五因素模型有关的刻度来进行测量的，比如五因素人格测评量表（NEO Personality Inventory）等。这一测试的目的是确定非病态成人的人格维度，它使用240个项目来确定以下五个因素：神经质、外向性、经验开放性、随和性和责任心。

▶ 什么是原型？

原型是反映处理普通生活状况中最原始、最基本方式的经验模式和行为模式。原型存在于集体潜意识中，包括母亲原型、儿童原型、女性原型、男性原型和其他多种类型。意识从来不会直接获得原型，原型只有在做梦、接触艺术作品、神话，甚至是宗教符号时才能从潜意识中浮现出来，我们才可窥见一斑。有了这些视觉符号的诠释，我们才能对最深层次的自我获得更多的了解。

 荣格与神秘主义的关系如何？

荣格对神秘主义一往情深，他晚年时期游历甚广，了解了许多文化中的修行术。他曾到过美国新墨西哥州去拜访当地的普韦布洛印第安人（Pueblo Indians）；也曾远涉肯尼亚和印度，研究各种不同的宗教。他将所有宗教传统中的符号象征看成是通用原型的表达。荣格对于心理健康的观点也带有宗教色彩。他认为我们的幸福要依靠于与普遍现实的共融，普遍现实是我们的一部分，但又远大于我们。在他的集体潜意识概念中，他将心理学、生物进化学与众多文化的精神传统结合了起来。

人本主义理论

▶ 什么是人本主义心理学？

人本主义心理学是指起源于20世纪50年代的一套心理学理论与实践，它在随后的几十年时间里十分流行。格式塔心理学家和人本主义心理学家都反对当时主流心理学流派的禁锢，但人本主义心理学家赶上了更好的时机。他们恰巧在行为主义和精神分析开始衰落的时候登上历史舞台，因此迅速成为这两种流派强有力的对立派。

大体上，人本主义心理学家想把人性重新注入对人类的研究中。具体来说，他们反对采用机械的心理学观点，将人当做刺激—反应链上被任意摆布的对象或潜意识动力中的被动对象。人本主义者认为人是自己生活的积极参与者，强调自由意志和选择的重要性。同时，他们珍视主观体验的价值，关注在人类意识下生活体验的质量。

最后，他们对精神分析中强调的病理提出了质疑。与弗洛伊德不同，他们认为人类的心理成长动机是与生俱来的，只要给予适当的鼓励和支持就自然会走向健康。

▶ 哪些哲学流派和心理学流派影响了人本主义心理学？

第二次世界大战的浩劫过后，大屠杀引起了人们对意义问题的思考。面对冷漠的残杀，生命如何才能拥有意义和目的？在这样的疑问下，哲学界发起了存在主义运动，而这恰好为人本主义心理学家提供了发展的背景。现象学是欧洲哲学更早的一个分支，由于它重点关注主观经验的复杂性，从而对人本主义心理学产生了重要影响。甚至对心理学流派，威廉·詹姆斯的功能主义和格式塔心理学家的整体理论也起到了重要作用。

什么是第三势力心理学?

20世纪50年代在美国,当人本主义心理学兴起的时候,行为主义和精神分析正在心理学界大行其道。行为主义主宰着理论心理学,而精神分析则控制着临床心理学。人本主义心理学试图在这两种大势力之外创造一种新的选择,这就是第三势力心理学。

亚伯拉罕·马斯洛是谁?

亚伯拉罕·马斯洛(Abraham Maslow, 1908—1970)是人本主义心理学的奠基人之一。马斯洛撰写了多部著作,为心理学理论作出了多项重要贡献。也许人们对他的需求层次理论最为熟悉。马斯洛认为人的心理需求是多维的,单一动机无法解释人类的全部行为。他指出人类的需求是有层次的,最基础的是生存需求。一旦我们基本的生物需求——如口渴、饥饿和温暖等——获得了满足,我们就会表现出安全需求。安全需求实现后,就出现了希望获得与他人的情感纽带的心理需求。心理需求得到

这个三角形诠释了马斯洛的需求层次理论。

满足之后,我们又开始关注自尊,希望在社会中获得认可与价值。最后,在所有基本需求实现后,我们就会转向一种人类潜能的创造性实现——自我实现的需求。

马斯洛的自我实现是什么意思?

虽然马斯洛不是使用自我实现这个术语的第一人,但他的名字却和自我实现密不可分。自我实现是指一种完全的自我表现状态,一个人的创造力、

情感和智力潜能可以得到充分发挥。我们清楚自己的需求，从而感觉生机勃发，并全情投入去追求自己的理想。尽管有人批评马斯洛鼓动人们只追求自我的快乐，但他也强调说，只有先完成最真实的自我发展，才能对他人充满怜悯之情。从他的观点看来，获得自我实现的人可以成为最有力的领导者，能够为社会作出最大的贡献。这个概念解释了人本主义心理学对个人成长和心理健康的关注，而相比之下，精神分析却将重点放在精神病理学和精神疾病上。

▶ 马斯洛的高峰体验是什么意思?

高峰体验出现在完全的察觉和专心状态下，这时人会将世界看成统一的整体，万事万物皆有联系，各部分具有相同的重要性。这是一种充满敬畏又如痴如醉的体验，常见于人神灵交的宗教术语。不过，这并不是一种邪恶与灾难不复存在的、过分乐观的生活幻象。相反，这是一个洞悉万物的时刻，作为整体的一部分，善与恶都可以被接受。就像威廉·詹姆斯和卡尔·古斯塔夫·荣格一样，马斯洛也认为宗教中神秘而令人痴迷的部分正是心理学研究的恰当主题。

▶ 匮乏爱与存在爱有何区别?

马斯洛将爱分为两种类型：匮乏爱与存在爱。匮乏爱是指一种贪婪的、占有的爱。在这种爱中，我们出于极度渴望的依赖感依恋着我们的爱人，把爱人看成弥补我们自身不足的手段。存在爱则建立在对另一个人完全接受的基础上。在这种爱中，我们爱他人仅仅是因为他们就是那样的人，而不是因为他们能够为我们做什么。自然而然地，存在爱被看成更健康、更可持续的爱的类型。马斯洛强调，提升自我欲望的目的是要去接纳他人，这是一种手段，而不是一种目标。可有趣的是，马斯洛却将自己的母亲描述成一个情绪极度失常的女人，除了自己的利益之外，她从不出于任何原因而在乎任何人。

▶ 人本主义心理学对心理疗法有何影响?

心理疗法的很多流派都来源于人本主义心理学，另有更多流派深受其影

响。卡尔·罗杰斯（Carl Rogers, 1902—1987）的个人中心疗法、弗里茨·珀尔斯（Fritz Perls）的格式塔疗法（以格式塔心理学命名，但与人本主义心理学的联系更为紧密）、维克多·弗兰克尔（Victor Frankl）的意义疗法和罗洛·梅（Roolo May）的存在精神分析都是人本主义心理学的衍生物。

▶ 卡尔·罗杰斯是谁？

罗杰斯是人本主义心理学的又一位重要人物，他对心理疗法产生了巨大的影响。他的个人中心疗法最初被称为患者中心疗法，或简称为罗杰斯疗法。这种方法将患者的主观体验作为治疗的中心。他认为治疗师的作用不是解释精神病理，而是要通过投入有感情的倾听和无条件积极关注来促进患者的个人成长。虽然有人批评罗杰斯相对忽视了消极情感和人际冲突，但人们普遍认为治疗共情是心理疗法的一个基本组成成分。

▶ 卡尔·罗杰斯的无条件积极关注是什么意思？

罗杰斯对出于孩子的内在价值而爱孩子和依靠附加某些条件去爱孩子这两个方面进行了区分，这些附加条件是指"如果你是个好学生、长得漂亮、听话，我就会爱你"等。他认为感到无条件被爱的孩子长大后会对自身价值更有信心。相反，如果孩子感到父母对他们的爱是有条件的，其自我价值常常会受损。这些观念与马斯洛的匮乏爱和存在爱的观点十分相似。

▶ 卡尔·罗杰斯对心理疗法的研究有哪些贡献？

罗杰斯是心理疗法科学研究的先驱者。他认为实证方法能够，也应该被用于心理疗法的实践之中。他是记录心理治疗阶段的第一人，不过这种做法遭到了心理分析学家的猛烈抨击，因为他们认为任何情况下都不应该侵犯患者治疗期间的隐私。此外，罗杰斯还通过心理测试的方法测量治疗前后的变化，然后把治疗对象的结果与控制组的结果进行对比。后来，这些方法都成了心理疗法研究中的基本工具，并逐渐发展成为一门独立的学科。

依 恋 理 论

▶ 什么是依恋理论?

依恋理论是为心理分析理论的关键性概念——特别是儿童早期与看护者的关系对后来的人格发展有着深远影响的观点——提供实证支持的先期运动之一。与卡尔·罗杰斯类似,依恋理论家认为科学方法可以被用于对情绪和人际现象的研究。因此,依恋理论也是第一场将科学方法带入精神分析观点的运动。虽然依恋理论最初遭到反对,但随着时间流逝,它逐渐被大多数精神分析流派所接受。

依恋是指儿童自身的一种生物学基础内驱力,它会使儿童形成一种对看护者——通常是母亲——长久的情感纽带。依恋理论的创始人是约翰·鲍尔比(John Bowlby, 1907—1990),他创作了《依恋与失落》(*Attachment and Loss*)三部曲(1969, 1973, 1980)。后来,玛丽·安斯沃思(Mary Ainsworth, 1913—1999)极大地发展了鲍尔比的观点,并设计了实验步骤对依恋进行研究。正是玛丽·安斯沃思将依恋理论引入了实验室。

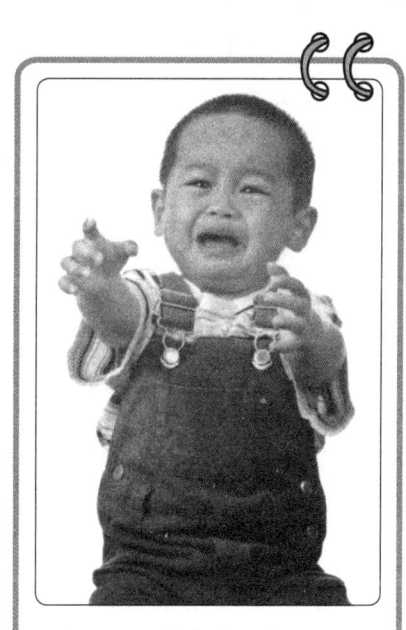

这个小男孩伸出手哭着找妈妈的行为就是鲍尔比所称的寻求依恋行为。孩子在与母亲分离时,依恋系统就会被激活,孩子会表现出寻求依恋的行为,重建与母亲的联系。(图片来源:iStock 图像)

▶ 约翰·鲍尔比是谁?

约翰·鲍尔比是一位英国的精神分析学家。由于第二次世界大战后期他在英国经常目睹儿童与母亲分离的情形,因此他非常关注这种情况造成的破坏性影响。当

时的精神分析完全不顾及现实事件的做法极大地困扰着鲍尔比，所以他强调母亲与儿童在一起的影响的观点常使他与同事的意见相左。鲍尔比对动物行为学也十分感兴趣，最后他将精神分析理论和动物行为理论综合在一起，来研究发展他的婴儿对母亲的依恋理论。

▶ 约翰·鲍尔比的依恋概念是什么？

一般说来，依恋被看成一种有生物学基础的、由进化形成的适应性内驱力，儿童正是在这种驱动下要从母亲那里寻求保护。当孩子受到惊吓或与母亲分离，依恋系统就会被激活，孩子就会寻求与母亲的亲近或身体接触。他们会伸出手，哭着让妈妈抱，或直接爬到妈妈的身边。从鲍尔比的观点来看，孩子的动机是要获得安全感，即一种安全与安宁的主观感受，也许是一种惬意而舒适的满足感。当儿童感到安全时，依恋系统就会关闭，探索系统随之开启。这时，孩子会离开母亲的怀抱，去探索外部世界，去玩耍。相反，如果由于分离或失落导致与母亲的关系受到干扰，孩子就会感到悲伤和痛苦。根据失落程度的不同，这会对他们造成长久，甚至是终身的影响。

▶ 约翰·鲍尔比的内部工作模型的概念是什么？

虽然鲍尔比对婴儿依恋系统的描述在很大程度上都是有关行为的，但他通过儿童依恋的内部工作模型提出了依恋的心理观点。内部工作模型是一种对看护者和自我的意境地图。有了反复的依恋经验，孩子对于母亲（或看护者）的可获得性和响应度会产生相应的期待。孩子会形成一种母亲与孩子相互影响方式的工作模型，然后再根据这些期待调整依恋行为。

▶ 玛丽·安斯沃思使用什么样的科学方法来测量依恋？

约翰·鲍尔比最感兴趣的是将他提出的概念转化为实证研究，他的同事玛丽·安斯沃思则因为把依恋理论引入实验室而大受褒奖。鲍尔比最初的兴趣点是母亲与孩子分离的普遍影响，安斯沃思最在意的却是在从母亲与孩子关系的本质上去考察依恋性质的个体差异。安斯沃思最初在乌干达开展实验，1954年她和丈夫旅游的时候曾到过那里。以28个乌干达婴儿作为研究对象，她注意到母亲与婴儿的依恋性质存在着差异。

离开乌干达之后，安斯沃思和她的丈夫移居美国的巴尔的摩，他们在约翰·霍普金斯大学（Johns Hopkins University）展开了进一步的研究。在这里，她除了在孩子的家中研究母亲与孩子的相互影响之外，还在实验室里、在一个陌生情境的实验步骤中研究这一课题。根据婴儿与母亲分离和重聚时的不同反应，他们被分成安全依恋和不安全依恋两种类型。此外，安斯沃思还发现，实验室里的依恋状态与在家中母亲对孩子做出的行为有关。1978年，安斯沃思出版了《依恋模式》（Patterns of Attachment）一书，这是依恋理论研究的一个里程碑。这项相当简单的实验，使心理学研究转入了关注儿童发展的方向。

▶ 什么是陌生情境以及它说明了什么问题？

陌生情境是一个时长为20分钟的实验步骤。在该实验步骤中，12—18个月大的婴儿和他们的母亲被带入一个装满玩具的房间，该房间通过单向镜与一个观察房相连。随后进行的是一系列婴儿和母亲分离和重聚的步骤。实验中一共设有8个陌生情境，第一个情境仅进行30秒，其余的每项持续3分钟。在分离与重聚的间隙，研究者通过单向镜仔细观察婴儿的反应。以婴儿的行为为基础，他们被划分为安全依恋和不安全依恋两种类型。

▶ 什么是安全依恋？

当母亲在房间时，安全依恋型的婴儿（安斯沃思系统中的B型婴儿）表现出对玩具的兴趣；当母亲不在房间时，一些（但不是全部）婴儿表现出轻度到中度的忧虑。最重要的是，在重聚环节，孩子会直接寻求与母亲的接触。分离之后，如果婴儿感到焦虑，与母亲接触是安慰他们的最佳方法。这种行为反映了在依恋需求获得母亲的回应之后，孩子会感到安全。

▶ 什么是不安全依恋？

研究者认为，不安全依恋型的儿童对获得母亲情感的可能性及其反应度感

到不安全。因此,他们会调整自己的依恋行为以适应母亲的行为。不安全依恋也可分为几种类型。安斯沃思最初提出两种类型:逃避型不安全依恋和抗拒型不安全依恋。后来,她又增加了混乱型不安全依恋。

▶ **不安全依恋有哪些表现形式?**

逃避型不安全依恋婴儿(安斯沃思系统中的 A 型婴儿)表现出十分明显的独立行为。与母亲分离期间,他们对玩具更感兴趣,几乎没有忧虑。更重要的是,他们在重聚时刻也不理会自己的母亲,因此他们被称为逃避型。抗拒型不安全依恋婴儿(或 C 型婴儿)看上去也可能十分独立。当母亲在房间时,他们对玩具不太感兴趣,而在分离期间表现得十分痛苦。重聚时,他们会对母亲发出寻求接近的行为(如哭、伸出手等)。但当母亲过来安慰他们时,他们又显得十分抗拒。他们可能会推开母亲;母亲将他们抱起时,他们会弓起腰,甚至会生气地用脚踢母亲。逃避型不安全依恋和抗拒型不安全依恋都是正常依恋的变体,但混乱型不安全依恋则更可能出现在遭受过母亲虐待的孩子或者是母亲变态哺育的孩子身上。这些孩子不能表现出始终如一的依恋方式,甚至对母亲感到恐惧。

▶ **不安全依恋的孩子不像安全依恋的孩子那样依赖父母吗?**

答案是否定的。生物学认为,所有孩子对他们的看护者都有着强烈的依恋感。在这一问题上没有其他选择。孩子在安全依恋中的表现不同,这说明他们对自己与所依恋对象的关系的安全感受不同,对看护者对他们需求的回应的安全感受也有所差异。但是,这并不意味着他们对看护者的依恋程度有所不同。

▶ **什么样的养育行为会导致婴儿安全依恋?**

在安斯沃思的实验中,安全依恋型婴儿的母亲在家庭环境中更可能会对孩子的暗示做出可靠而积极的回应。如果在婴儿出生后的前 3 个月里,母亲能够在给他们哺乳、玩耍、身体接触和难过时给予他们更加积极的反应,这些孩子在12月大时就更可能产生安全依恋。

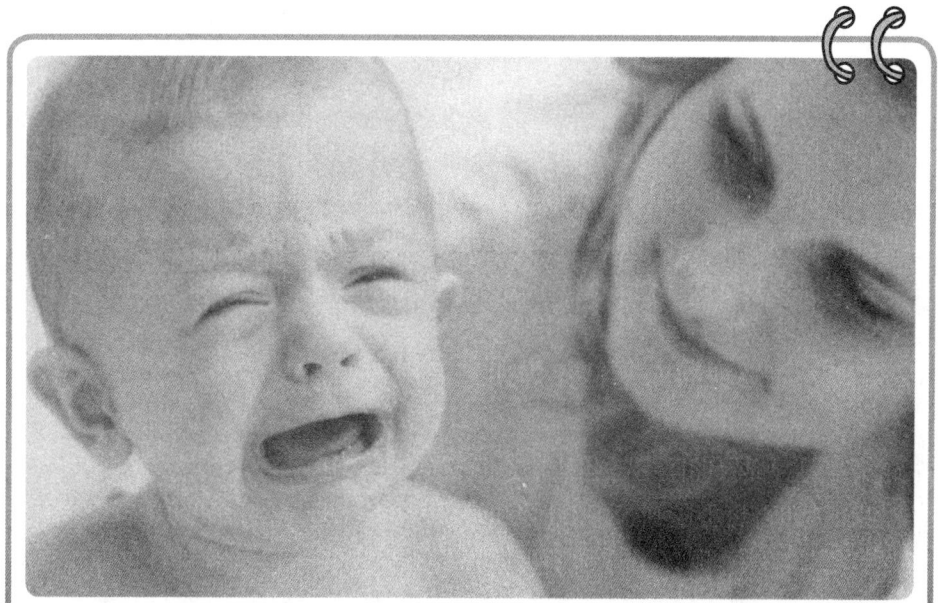

母亲对婴儿情绪暗示做出的反应影响着他们的依恋性质。安全依恋型孩子的父母会对孩子的情绪暗示做出可靠而灵敏的回应。不安全依恋型孩子的父母则不能对孩子的情绪暗示做出灵敏的或始终如一的反应。(图片来源: iStock 图像)

▶ 什么样的养育行为会导致婴儿不安全依恋?

在安斯沃思的家庭实验中,她发现逃避型婴儿的母亲对孩子的情绪不能做出可靠的回应。逃避型不安全依恋行为被认为是对无回应母亲的一种依恋减量调节。抗拒型婴儿的母亲在家庭环境中通常对孩子的情感提示做出不确定的反应。因此,抗拒型不安全依恋可被看作通过开启婴儿的依恋系统而将母亲的关注最大化的一种策略。此外,在孩子常常遭到虐待和母亲患有精神疾病的家庭,孩子更多表现为混乱型不安全依恋。因为这些孩子无法找到一种一贯的策略来应对父母反复无常或令人恐惧的行为,所以他们的依恋行为就是混乱的。

▶ 行为主义理论怎样被应用于依恋理论?

依恋有三种主要类型:安全型依恋、逃避型不安全依恋和抗拒型不安全依恋。它们反映了对不同强化方式的可预测反应,并可用操作性条件反射的法则

来进行解释。逃避型依恋表明,在寻求依恋行为一直不能引起母亲的反应之后,这些行为就会消退。事实上,孩子已经放弃了想从母亲身上得到回应的想法。抗拒型依恋则反映了相反的情形:由于受到间断强化方式的刺激,婴儿寻求依恋的行为不断增多。他们做出寻求依恋的行为,以期望将从母亲身上获得回应的可能性最大化。安全依恋反映出一种一贯的强化方式。婴儿知道他们的依恋行为将一直获得可预期的回应,因此孩子只是在需要母亲回应的时候表现出寻求依恋的行为,不再需要时,则停止表达。

▶ 依恋类型对儿童后期成长有何意义?

艾伦·斯洛夫(Alan Sroufe)及其同事开展了多项研究,对依恋类型儿童后期发展的影响进行了调查。与不安全依恋型儿童相比,安全依恋型儿童在童年后期更可能与同龄人和老师建立起良好的关系。抗拒型不安全依恋的儿童对老师表现出明显的依赖行为,而逃避型不安全依恋的儿童则表现出明显的独立行为。他们在解决问题,甚至在不能独立解决问题的时候也不愿向老师寻求帮助。

▶ 依恋类型是在一岁时固定下来的吗?

依恋研究指出,孩子在一岁的时候性格特点就已经完全固定下来。依恋策略是稳固的,也就是不轻易改变的,但它也不是固定不变的。如果家庭环境稳定,且父母与孩子的关系不发生重大改变,孩子的依恋策略一般也会保持稳定。另一方面,如果家庭发生重大变故或父母改变了对待孩子的方式,孩子的依恋类型也会发生变化。

▶ 依恋类型在什么时候更可能发生改变?

父母状况的变化会影响依恋类型,这种改变可能是积极的,也可能是消极的。例如,一位走入婚姻的单身母亲或一位失业的父亲都会造成孩子父母状况的变化,从而影响他们的依恋类型。研究显示,与中产阶级家庭的孩子相比,低薪家庭中孩子依恋类型的变化更大。这可能是因为低薪家庭对环境变化的抵抗力要低于那些经济状况更有保障的家庭。

▶ 玛丽·梅因如何将依恋理论应用于成年人?

玛丽·梅因(Mary Main)对成年人表现出的依恋类型十分感兴趣。她指出,与婴儿不同,通过成年人的行为捕捉依恋的特质并不容易,但是这种依恋特质却可以成为个性中永久的一部分。在鲍尔比的内部工作模型基础上,她对成年人表达依恋关系的方式进行了思考。梅因提出了关于依恋的问题:成年人对依恋的看法如何? 他们对于依恋有何评论?

▶ 什么是成人依恋访谈?

为了研究成人依恋,玛丽·梅因和她的同事设计了被称为成人依恋访谈的半结构式访谈。半结构式访谈会提出一些开放式的、可以随访的具体问题。采访者遵循稿本提问,但也可以脱离稿本澄清信息。访谈要进行一个半小时,向研究对象询问一些他们童年时期与父母关系的问题。这些被研究的对象谈论童年依恋的方式比他们谈及父母的内容更加重要。而其中最重要的是他们叙述的连贯性,特别是他们对童年依恋关系的总体概括(例如,"我的妈妈是充满爱心的、投入的")和能够证明这些概括的具体回忆(例如,"我记得曾和她一起在厨房做巧克力饼干")。如果这些故事有意义,他们的叙述就会是连贯的;如果其中充满矛盾,叙述就不连贯。

▶ 3种儿童依恋方式如何对应玛丽·梅因的3种成人依恋方式?

与3种儿童依恋方式对应,梅恩提出了3种成人依恋方式。她将其命名为D、E、F,以对应安斯沃思的A、B、C。冷漠型成人(D)对应逃避型婴儿(A);网罗型成人(E)对应抗拒型婴儿(C);安全型成人(F)对应安全型婴儿(B)。网罗型后来被更改为沉迷型。

▶ 成人依恋访谈有哪些例子？

　　以下（模拟的）摘录是玛丽·梅因的成人依恋访谈中可以代表每种成人依恋的典型例证。请注意冷漠型成人因为不受任何具体记忆的影响，所以表现出梅因关于关系的理想化观点。安全型成人的叙述更加连贯。她认为，矛盾及混乱的情绪也可以客观地反映关系。相反，沉迷型成人由于受到与依恋有关的记忆影响，他们无法将情绪和思想组成连贯的叙述。

冷 漠 型

采访者：你能用5个形容词来描述一下你童年时与母亲的关系吗？

受访者：哦，我不知道。我猜是她很普通，她很好。我猜是她很有爱心。她很能干，她是个好老师。

采访者：你能给我们举个例子来证明一下吗？

受访者：嗯，你知道，她总是在我的身旁。我不记得有任何问题，也真的没有任何不对劲儿的地方。她是个好老师——她总是想确信我们能够取得好成绩。

安 全 型

采访者：你能用5个形容词来描述一下你童年时与母亲的关系吗？

受访者：嗯，这有点复杂。我的妈妈很亲切、有爱心，但她也有点控制欲。所以我们的关系很密切，但有时也有冲突，特别是当我十几岁的时候。

采访者：你能给我们举个例子来证明一下吗？

受访者：我记得很多温馨的场景。我记得晚上和她一起坐在沙发上看电视。但是我也记得和她发生的冲突，尤其是我长大后想和朋友出去玩时。她总是认为我应该比其他的朋友更早地回家。嗯，可能她只是在尽自己的责任，但当时我觉得她简直不可理喻。

沉迷型

采访者： 你能用5个形容词来描述一下你童年时与母亲的关系吗?

受访者： 她很有爱心，绝对是，非常有爱心。她很出色、非常完美。但你知道，有时她也真的很自私、毫无感情，好像做什么事都是为了她自己。

采访者： 你能给我们举个例子来证明一下吗?

受访者： 你知道，这很难以置信。无论什么时候，只要她感到不安全，就会勃然大怒，完全不听听我这方面的想法。我认为她的自尊真的有问题。而我想要的，我想要的只是说一句"妈妈，听我说"，而我并不是想说我当时不爱她。当然无论是过去还是现在我都爱她，我知道她爱我超过爱世界上的任何其他东西。所以，这就是她完美的原因。如果她发生什么意外，那我就完了。

安全依恋型成人对他们孩子的情绪暗示更为敏感。(图片来源: iStock 图像)

▶ 安全依恋型成人的行为如何？

安全依恋型成人重视依恋，他们谈及依恋时以感觉为基础，又深思熟虑。他们与感觉保持一定距离，所以会对其经验做出合理而客观的判断。在成人依恋访谈中，安全依恋型成人在谈及童年与父母的关系时，其叙述更加连贯。同时，他们能够用具体的回忆来支持对这段关系的概括性描述。就像安全依恋型儿童可以平衡好依赖与探索之间的关系一样，安全依恋型成人也可以平衡好情绪与思维之间的关系。

▶ 冷漠型成人的特点是什么？

冷漠型成人对应逃避型婴儿。他们既不看重，也不承认依恋。相反，他们强调与情绪割裂的思维。因此，虽然没有具体回忆的支持，他们也表现出一种完美的童年依恋关系。这种成人可能会将母亲描述为"很好、普通、一个好妈妈"，但具体的回忆却只有"嗯，你知道，她总是在我的身旁。她就是一个很普通的妈妈"。这样的印象说明了一段冷漠而疏远的关系，反映了孩子对母亲的情感需求的最低认同。

▶ 沉迷型成人表现如何？

沉迷型成人对应抗拒型婴儿。与试图将依恋效应降到最低的冷漠型成人不同，沉迷型成人不回避对依恋的关注，反而沉迷其中。这些成人拥有大量依恋关系的回忆，但却不能组成连贯而客观的叙述。他们对依恋关系的观点充满矛盾（"她充满爱心，不，她真的很自私。"），同时伴随着大量生动的回忆（"我记得在我高中的舞会上，她总是出现。那是属于我的夜晚，但她却总要插一杠子进来。我想穿蓝色的高跟鞋，她却说那显得我的腿很粗。"）。在这种情况下，情绪压倒了理性思维。

▶ 父母的依恋类型是否一定会转化为孩子的依恋类型？

父母的安全依恋和他们孩子的安全依恋之间存在着强相关。安全依恋型父母更可能培养出安全依恋型孩子，而不安全依恋型父母更可能养育出不安全依恋的孩子。不过,成人的不安全依恋类型与儿童的不安全依恋类型并非强相关。一些冷漠型母亲可能会培养出抗拒型孩子,而一些沉迷型母亲的孩子却可能是冷漠型的。

▶ 什么是自我反省机能以及它与依恋有什么关系?

皮特·冯纳吉(Peter Fonagy)和玛丽·塔吉特(Mary Target)将自我反省机能和心理化的概念引入了有关依恋的著作之中。他们提出,成人安全依恋包括自我反省的能力,也就是以一种有思想的连贯方式来反思自己情绪经历的能力。将情绪经历心理化的能力是指将自己和他人的心理经历呈现出来的能力,也就是要去理解和掌握情感经历的本质。以他们的观点看来,孩子的安全依恋不仅要依靠母亲的敏锐行为,也要依靠其心理敏感度。当母亲将孩子的主观经验记在心里,她会教会孩子,情绪不仅能够被理解,也可以交流。因此,孩子自我反省机能的发展要依靠母亲对儿童经验的心理化。弗纳吉和塔吉特将这些概念应用于他们的成人研究中,用来治疗严重的人格障碍,其中的很多患者就是缺乏自我反省能力和心理化能力。

社会生物学和进化心理学

▶ 什么是社会生物学?

20世纪最后的三十几年中,进化概念逐渐渗透到心理学理论中。例如,依恋理论和荣格心理学都借鉴了生物学进化的观点。社会生物学领域明确将进化理论原则应用在对社会行为的理解上。这种方法提出,至少有一部分社会行为是建立在基因的基础上,因此这些行为也遵循着进化的规律。换句话说,一种行为能够历经数代保存下来,它很可能也带有进化的目的。这种方法最初用于非人类的动物研究,直到20世纪70年代,进化理论才被应用于对人类社会行为的研究中。

▶ 什么是进化心理学？

进化心理学是社会生物学的分支，其研究重点是人类行为的进化根源。

▶ 爱德华·O.威尔逊是谁？

爱德华·O. 威尔逊（Edward O. Wilson）是社会生物学之父。自1956年起他受聘于美国哈佛大学生物系，担任昆虫学教授。他毕生的兴趣是研究动物的社会行为，最初是研究蚂蚁的社会生活。威尔逊最大的贡献在于提出了动物行为的进化论解释可以应用于对人类行为的研究中。他并非认为文化和环境对行为没有影响，而只是提出我们全部行为的起源都在于基因，并在自然选择的过程中得以塑造。

当他1975年出版自己经典著作《社会生物学：新的综合》（Sociobiology: The New Synthesis）时，曾遭到很多人反对。对很多人来说，这本书在政治上是令人不快的，因为它似乎忽视了环境的重要性。就像优生学和其他早期宣称人类行为具有遗传可能性的运动一样，社会生物学似乎在支持社会不平等。不过在过去的几十年间，社会生物学和进化心理学已经得到了人们的广泛认可。随着脑成像技术和其他生物学研究方法的进步，我们对于人类行为的生物学基础的理解取得了惊人的进展。同样，我们对基因与环境之间复杂的相互影响也有了更为深刻的理解，因此我们认识到，强调行为的基因基础并不一定意味着与环境是毫不相关的。

▶ 查尔斯·达尔文进化论与心理学有何相关？

查尔斯·达尔文（Charles Darwin，1809—1882）进化论是生物学所有方面

查尔斯·达尔文的进化论已经被证实是理解生物学的一把钥匙。这一理论也被科学家们用来解释人类的心理现象。（图片来源：iStock 图像）

的中心解释框架。生物学的一切观点都要在进化论的范畴内进行。同样,人类也属于动物,我们的行为也不可避免地要和生物学联系在一起。因此,清楚地了解进化论理论对理解人类心理至关重要。

▶ 如果我们的行为由基因决定,那么学习从何而来?

社会生物学和进化心理学都提出,我们行为的基础是我们的基因。基因决定着我们可能做出的行为范围。不过,如果缺乏大量的训练,绝大多数行为都不可能形成。例如,如果我们没有学会必要的阅读技巧,也无法获得阅读材料的话,我们就不能进行阅读。有了适当的条件,基因才允许我们学会阅读。相反,再多的训练也不能让猫、狗或鸽子进行阅读。同样,即使人类接受再多的训练,也无法学会飞翔(没有人为支持的条件下)。因此基因决定我们行为的潜在可能性,但基因本身又无法确定任意个体所能够做出的具体行为。

 ▸ **查尔斯·达尔文在科学界为何是一位颇具影响的人物?**

查尔斯·达尔文是现代科学界最具影响力的人物之一。他的进化论影响了包括生命有机体在内的各个科学学科。在进化论之前,人们认为地球上生物体的差异都出自上帝的创造之手,而所有创造都以《创世记》(*Genesis*)为蓝本,最初并没有任何差别。很多动物随着时间的流逝而发生了改变,是因为上帝的创造并非完美无瑕。因此,进化论的出现挑战了基督教神学中关于生命起源的理论。

正因如此,达尔文在他那个时代颇具争议。直到今天在某些领域内,这些争议仍然存在。不过,从科学的角度来看,达尔文理论的基础前提从未被真正地撼动。达尔文并不是第一个提出进化论的人。事实上,他的祖父伊拉兹马斯·达尔文(Erasmus Darwin, 1731—1802)就曾对这一主题有过论述。

不过，达尔文那个时代匮乏的是对进化过程的确切解释和恰当的支撑论据。因此，1831年达尔文搭乘英国皇家海军的"小猎犬号"（H.M.S. Beagle）开始了著名的海上游弋。他从英国出发，经过非洲海岸，远至南美洲的最南端，再返航英国。一路上，他为自己的理论搜集证据。这次海上航行历时20多年，达尔文最后终于将自己的观察结果综合成一套连贯的理论。

1859年，达尔文发表了著名的论文《物竞天择：物种起源论》（On the Origins of Species by Means of Natural Selection）时，科学界已经为接受他的理论做好了准备。论文一经发表就立刻引起了轰动。不过，达尔文的遗传学理论并未得以发展。直到1866年格雷戈尔·孟德尔（Gregor Mendel）才公开了自己对豌豆的研究结果，而他的工作直到20世纪初才得到人们的认可。现在的进化论观点是达尔文自然选择理论和孟德尔遗传学的综合结果。

▶ 什么是自然选择？

自然选择是指自然环境对基因特征代代相传的可能性的影响。其过程如下：首先，某个特定特征在一定物种内必须有不同表现。其次，该特征必须具有基因基础。第三，该特征的一种表现形式比另一种表现形式更适应环境。最后，带有更多适应特性的动物会产下更多的后代，这样才会将更多的此类基因传递给下一代。

让我们以查尔斯·达尔文记录的浅色蛾和深色蛾为例。英国有两种蛾：浅色蛾和深色蛾。最初，浅色蛾比深色蛾的数量多，因为深色蛾落在浅色树皮上时十分显眼，所以更容易被当地的鸟类捕食。从这一点来看，浅色蛾比深色蛾更具适应性。

然而，在英国工业革命时期，树木上落满了煤烟。这就意味着深色蛾比浅色蛾更适应环境，因为它们在落满煤烟的树木上不再显眼了。现在反倒是鸟类更容易捕到浅色蛾。此后，由于更多的深色蛾可以存活、繁殖，并将基因传递给下一代，所以与浅色蛾相比，深色蛾的数量相对增加。这就是蛾关于身体颜色的自然选择。不过值得注意的是，达尔文的自然选择概念没有解释一个物种内的特征差异是怎样形成的，而仅说明了在一个物种内一种特征为何比另一特征更加常见。

▶ 繁殖成功与进化的关系如何？

进化发生在繁殖成功的过程中。生物体将自己的基因成功传递给了下一代，它们的基因和与基因有关的特征在下一代身上得到延续。在进化中，成功就意味着生存。如果一种特征在某一物种中十分常见，这就意味着该特征基因历经数代，一直延续至今。

▶ 进化适应性是什么意思？

进化适应性是指将自己的基因传递给下一代的能力。如果基因A所占比重在当代比在上一代更大，就说明带有基因A的生物体显现出进化适应性。相反，如果基因B在代代相传中所占比例逐渐减少，就说明带有基因B的生物体适应性较差。

▶ 进化如何影响行为？

我们通常认为动物的行为具有适应性，其行为进化是因为它将适应性赋予了那些基因构成能够产生该行为的生物体。例如，我们认为鸽子的交配舞——它们大摇大摆地来回走动、脖子一伸一缩、发出"咕咕"的叫声——是有适应性的。这种交配舞增加了雄性鸽子接近雌性鸽子的机会，因此促成了繁殖成功。这样的展示行为可能使雄性鸽子看上去比实际更大、更强壮。雌性鸽子更可能会选择这样的雄性作为伴侣，因为选择大而强壮的雄性才可能为雌性繁育后代带来进化优势。对于吸引雌性来说，雄性展示力量和体型是一种常见的策略。因此，当想到男性对"肌肉车"（造型硬朗、排量大的汽车）和健身的钟爱时，我们就会看到社会生物学原理事实上可能确实与人类的行为也息息相关。

▶ 适者生存是什么意思？

适者生存是指一个物种中带有最适应特定环境的基因特征的生物体最有可能获得交配机会，并将这些特征传递给下一代。重要的是，适者生存并不意味

着那些最好斗、最占优势的生物才会将基因传递给下一代。优势条件是一种进化策略，但它并不是唯一方式。例如有些种类的鱼，雄性鱼会把自己伪装成雌性鱼，偷偷潜入最具统治力的雄性鱼的领地，然后和该领地的雌性鱼交配。在这种情况下，这些鱼虽然不是最具优势的，但它们也能获得繁殖成功。此外，在很多情况下，合作与利他主义也是有用的进化策略——即使这些策略不是最有效，至少也和竞争与进攻一样有用。

▶ 什么是拉马克式进化？

让-巴蒂斯特·拉马克（Jean-Baptiste LaMarck，1744—1829）是一位法国生物学家，对达尔文之前的进化理论作出了贡献。与达尔文的祖父伊拉斯谟斯·达尔文一样，拉马克相信获得性状遗传的观点。换句话说，当动物适应了环境后，这些改变就通过遗传的形式传递给它们的后代。基因发生了改变，其原因是动物的行为。经典的例子就是长颈鹿的长脖子。人们认为长颈鹿是因为要尽力吃到很高的树顶的叶子才伸长了脖子，然后又将这一特征传递给了后代。同样，寒冷的气候中山羊生长出了更厚的毛，并将这一特征传递给后代。

虽然拉马克式进化有一点直觉的味道，也从来没有任何证据能够支持他的中心观点，但这种获得性行为确实直接被纳入了基因编码。在达尔文的进化论中，基因改变是在任意的变异中发生的。一些这样的基因变异会提高动物适应

什么是社会达尔文主义？

社会达尔文主义是指继查尔斯·达尔文提出进化论后，出现在19世纪末20世纪初的一套松散理论。当时正值欧洲帝国主义发展、众多移民涌入美国、工业革命催生了大量城市贫民的时期。因此，在欧洲和美国的精英阶层中，社会歧视大行其道，他们认为那些被征服的人理应处于弱势地位。同样，适者生存的观念也被用来证明这种观点的合理性。达尔文并无意使进化论带有种族主义色彩，也不希望它为社会不平等进行辩护。

他的理论仅仅解释了动物适应环境的原因，而并非社会的一种道德策略。不过，他的观点遭到了曲解，有人认为只有最有实力、最有价值的人才能在这个社会生存，认为社会劣势只是下等基因的体现。高尔顿（Galton）的优生学就是社会达尔文主义的绝佳例证。

环境的能力，不过大部分变异却不会。提高了适应性的基因更可能会被传递给下一代。因此，环境会影响繁殖成功与否，但不会直接对基因发生作用。

▶ 进化论理论家如何理解利他主义？

利他主义，即以牺牲自己的利益为代价来帮助他人。对于进化论理论家来说，这一直是个令人困惑的问题。从进化的观点来看，利他主义行为为什么具有适应性？在动物界，这一行为相当常见。工蜂和雄蜂终生都在为蜂王服务，它们甚至不进行繁殖。发出警报也是利他的。当一个动物向其他动物发出天敌来袭的警报时，它就会愈发紧盯着它正在防范的天敌。同样，利他行为在人类中也非常普遍。我们向慈善机构捐款、照顾他人的孩子，还可能会给有需要的亲属捐肾等。

尽管利他主义行为会使某动物个体付出代价，但如果它能够帮助其他与之拥有相同基因的动物，那就仍可能促成繁殖。因此我们可以看到，利他主义行为在直系亲属中最为常见。同时我们还发现，当

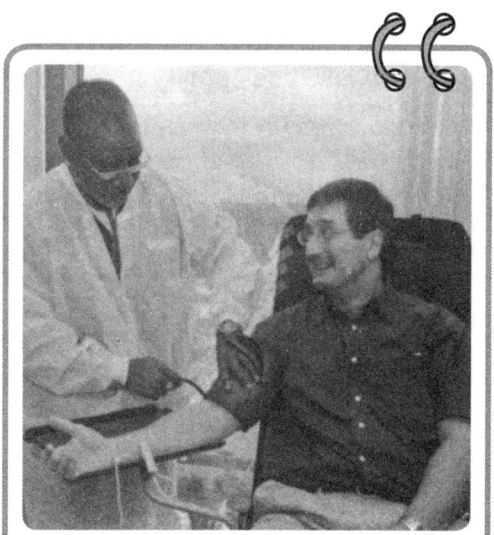

在毫不利己的条件下去帮助他人——比如献血——就是利他主义。那些相信进化是以自我保护为基础的科学家一直以来都对利他主义的好处感到迷惑。（图片来源：iStock 图像）

生物关系较远时,利他主义行为的代价与风险就会相应降低。让我们想一想:我们大都愿意将旧衣服捐给另一个国家的儿童。这是一种低代价与低风险的投资。但是你愿意卖掉房子把钱捐给一位陌生人吗?你是愿意把肾捐给陌生人,还是更可能捐给你的妹妹,特别是当如果你不这么做她很可能就会死掉时?

▶ 进化论理论家如何理解雄性和雌性的性行为?

因为性行为对繁殖成功具有直接的影响,所以社会生物学家已经对不同形式的性行为进行了大量思考。在很多物种中,雄性和雌性在获得繁殖成功方面有着不同的策略。雌性将大部分时间和精力用来繁育幼崽。物种越复杂,情况越是如此。

例如,人类、黑猩猩和狗会比海龟为下一代提供更多的母性关怀。因此,很多雌性动物在挑选伴侣的时候都会表现出进化兴趣,去寻找那些能够为抚育后代作出贡献的雄性。相反,雄性不繁殖后代,也不一定亲自照顾后代,因此它们发展出大量的繁殖成功策略:有的雄性动物可以使很多雌性动物受孕,但却几乎从不抚育自己的后代(比如水牛、羚羊等);有的雄性动物虽只使很少的雌性受孕,但会把后代带在身边,再花大量的时间与精力去照顾它们(比如野天鹅、长臂猿等);还有的雄性动物(比如大猩猩、海狗等)会为了独占一群雌性伴侣而大打出手,然后再耗费大量精力去保护自己的妻妾不受雄性对手的侵扰。

▶ 男人天性适合多配偶制吗?

纵观历史,人类中的男性已经显示出以上所有的生殖策略。他们或一夫一妻,或选择性伴侣时不加区分,或一夫多妻,有的甚至妻妾成群。他们选择什么样的策略要依据环境可能性,即人口密度、资源稀缺度、文化、宗教、社会地位等。虽然女性也无法抗拒多伴侣的诱惑,但在多配偶制的社会中,一夫多妻远比一妻多夫的婚姻模式更加常见。

▶ 什么是性选择?

因为雌性比雄性在繁殖上要投入更多的时间和精力,所以属于一种高能资源,对雄性来说也极具价值。因此,雄性更可能为了获得雌性的青睐而

在选择性伴侣的竞争中，很多物种都会采用令人惊叹的生物方式和行为模式。例如，雄性孔雀会展开绚丽夺目的羽毛来吸引雌性孔雀。人类也提出了自己的竞争策略。（图片来源：iStock 图像）

发展出多种策略。性选择是指从进化角度来看，任何能够增加交配机会的身体特征和行为模式都是具有优势的。性选择在多配偶制的物种中最为显著，因为在这样的物种中，"胜者为王"的制度使得胜者和落败者泾渭分明。

雄性最常见的竞争策略之一就是展示体型和力量。在大多数物种中，体型更大的雄性会拥有更多的后代。同样，占据统治地位的雄性通常嫉妒成性，因此需要保护自己众多的雌性伴侣不受侵犯。然而，在这样的情况下，那些不占优势的雄性就会想出其他策略。

在很多物种中，例如棘鱼、草原榛鸡和海象等，体型较小且不占优势的雄性通常会将自己伪装成雌性，从而获得进入占统治地位的雄性的领地，并与该领地的雌性交配。这样的策略在雄性与雄性的直接竞争中很奏效。不过，雌性通常也具有很高的选择性。雄性也必须为获得雌性的芳心而大打出手。在很多鸟类中，十分花哨而精巧的展示仪式就反映了意在获得雌性青睐的行为。这样的仪式通常有两个目的：一是它们通常以一种夸张的形式展示了雄性的体型和力量；二是它们可以向雌性证明自己所拥有的抚育下一代的资源。例如，雄性蝎蛉会为未来的伴侣奉上高卡路里的食物作为礼物。反过来，雌性蝎蛉也更喜欢那些能够为它们带来更多礼物的雄性。也许人类中男性为女性购买昂贵的珠宝、带她们去最好的餐厅也是相关的现象。

▶ 雌性会为雄性而展开竞争吗？

尽管由于雄性与雄性的竞争在动物界中十分激动人心，因此受到了社会生物学家更多的关注，但雌性与雌性的竞争仍然存在。一些雌鸟会将其他雌鸟的蛋推出鸟巢，或妨碍它们孵蛋。在复杂的社会群体中，雌性也会为了争夺地位而展开竞争。例如，在较大的猴群中，地位较高的雌性猴子及其后代会拥有比地位较低的雌性猴子更多的优势。此外，单配偶制的出现也会影响雌性与雌性之间的竞争。

在抚育后代时，如果幼崽在某段长而集中的时间段中需要父亲的投入，单配偶制就会更加常见。一旦雄性遵循单配偶制，它们在选择伴侣的时候就更可能精挑细选，因为它们在每个伴侣身上都需投入更多精力。因此，雌性也需要为了获得雄性而进行竞争。在这样的情况下，能够展示出更强繁殖适应性的雌性对雄性更具吸引力。当然，我们可以想象，这一点也适用于人类中的女性。她们为了保持和增加对男性的身体吸引力会投入大量的时间和精力。纵观人类文化，女性美的标

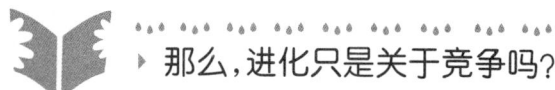

▶ 那么,进化只是关于竞争吗?

自然选择对比较占优势的遗传特质有作用,也许正因为如此,进化理论家往往强调社会关系的竞争本质,但是这种说法并不全面。所有高度社会化的动物中的社会行为,与竞争或者对抗相比,涉及更多的是合作。如果社会生活完全是霍布斯的自由式社会关系,人类和其他动物就没有理由选择彼此了。正如进化导致了竞争和侵犯行为一样,进化也导致了建立强大的社会关系的能力,抚育后代,情感、合作、移情(至少在人类中)和支持有凝聚力的社会群体等其他许多特质。

准几乎无一例外地与年轻和身体健康有关,因为这就意味着有长期的生育能力。

如果我们想一想美容业,想想那些生产女性化妆品、珠宝、服装、护肤霜、美发产品和其他女性装饰品的行业,我们就会发现进化压力是如何体现在我们的文化中的。

▷ 社会生物学有哪些争议?

在20世纪70年代和80年代,社会生物学极具争议。说一种行为拥有基因基础,似乎就意味着它在道德上合人心意或不可避免。进一步讲,将重点放在遗传学上被看作是忽视了环境的重要性。现在我们知道,几乎所有的人类行为都是环境和基因学相互作用的结果。基因学可能为行为设立了外部界限,环境则对行为的表达乃至基因本身的表达产生了巨大影响。基因会根据环境的影响启动或静止。然而,解释人类行为的进化论的最大问题在于极难区分近因和远因。

▷ 近因和远因有何区别?

远因是指行为的进化意义,即行为如何增强了繁殖适应性。近因是指行为

的直接原因，即这些原因是激素上的、神经的、认知的、人际的还是文化的。例如，人类想吃更多饼干、蛋糕、冰激凌的近因就是在心理上希望享受这些高糖和高脂肪的食物。远因则是这些高糖、高脂肪的食物为人体提供了高卡路里，从而使人能够在物质稀缺的环境中生存下来。

然而，人类想区分近因和远因是极其困难的。相比之下，一些如昆虫之类的低级动物的情况就简单得多，因为它们的行为都与遗传构造有关。造成这种区别是因为人类最重要的进化策略之一就是我们高度发达的智力。地球上没有任何其他动物能够学会如此复杂的信息，然后再以如此多样的方式来修正自己的行为。因此，由于拥有了卓越的行为适应性，我们很难区分哪些行为是学得的、哪些行为是由基因决定的。

▶ 科学家如何测试行为的进化意义？

在缺乏精确科学研究的条件下，社会生物学家很可能会做出一些推测，而

通过对同卵双胞胎、异卵双胞胎和非双生兄弟姐妹的比较，可以梳理出影响各种心理特质形成的基因与环境因素。（图片来源：iStock 图像）

这些推测很容易受到当时流行的观点的影响，比如女人应该成为男人的附属物；男人应该生性好斗。因此，用严谨的科学研究来支持类似人类行为的进化意义的观点就显得十分关键。

社会生物学要依靠对动物的细心研究。研究期间，任何特定社会行为出现的频率都可能与进化意义的某种标志相关。例如，狒狒的利他行为的发生次数可能与动物间的生物关联性程度有关。这就可以转化为共有基因的比率[父母和子女50%，兄弟姐妹50%，异父（母）同胞兄弟姐妹25%，堂（表）兄弟姐妹12.5%]。

在对人类的研究中，人们用双生子研究来区分基因影响和环境影响。此外，对社会行为进行跨文化比较的人类学研究也试图将基因影响和环境影响区别开来。然而，随着时间的推移，全球化使得各种文化间的差异越来越小，因而从事这些研究的难度也越来越大。

▶ 双胞胎研究如何帮助说明基因的作用？

双胞胎研究着重于比较同卵双胞胎和异卵双胞胎的智力水平。同卵双胞胎来自同一个受精卵，他们的基因完全相同。异卵双胞胎来自两个不同的卵子，所以他们的基因只有50%相同。同时，这些研究还对被共同抚养和分别抚养的双胞胎进行了比较。研究显示，智力确实与基因组成有着重要关系。与其他类型的兄弟姐妹相比，同卵双胞胎智力测试的分数更为接近。然而，这些研究也遭到了一些人的批评。因为尽管研究人员仔细考虑了各类不同的基因比率，但不同环境的区分度却根本无法界定。此外，大量证据表明，很多环境因素——如社会经济地位、受教育年限、母亲的受教育程度等——也都对智力有着重要影响。

神经生物学理论

▶ 心理学中的神经生物学理论是什么？

心理学中的神经生物学理论主要是探究大脑与心智之间的关系。其主要观

点是心理过程与大脑行为的特殊模式相连。对于行为的神经生物基质的了解能够增加我们对人类心理的理解。由于近年来人类在技术上取得了突飞猛进的进步,我们研究大脑的工作原理和它与心理过程的关系的步伐也大大加快了。

▶ 什么是神经心理学?

神经心理学是对直接与大脑过程相连的特殊心理功能的研究。亚历山大·卢里亚(Alexander Luria, 1902—1977)是神经生物学的奠基人之一,主要研究在第二次世界大战中脑部受到损伤的士兵,以确定大脑不同部位的损伤如何影响智力功能。现代神经心理学研究可以帮助人们确定那些与大脑活动特殊模式相联系的特殊心理功能。例如,使信息解码进入长时记忆就是由一个叫海马状突起的大脑区域来完成的。

▶ 心理学中的神经生物学理论是如何与进化心理学相契合的?

动物模型是神经生物学研究中至关重要的一个方面。因为出于明显的伦理原因,科学家只能使用动物大脑而不是人的大脑来完成一些侵入性实验。事实上,用动物进行研究的伦理问题一直饱受争议。对动物大脑的研究不但为了解人类大脑的工作原理作出了重要贡献,而且还显示出了不同物种间大脑有所差别的方式。当对不同种类动物的大脑进行比较时,我们会提出假设:我们的大脑在进化过程中是如何发展的? 例如,在智商更高的动物大脑中,与计划和复杂的认知功能相联系的额叶在大脑中所占的比例更大、沟旋更多(表面积增加)。这意味着随着智力在进化策略中愈发重要,在进化过程中额叶的体积也增大了。

▶ 大脑成像技术的进步对心理学中的神经生物学理论有何影响?

仅仅几十年前,观察人类大脑的工作情况还是一项不可能完成的任务。神经生物学研究的主要方法是死后尸检和对脑损伤病人进行神经心理研究。然而,随着大脑成像技术的出现,我们就能够获得活人大脑的快照。计算机断层扫描(CT扫描)及核磁共振成像(MRI)可为脑解剖提供照片。正电子发射断层扫描(PET)和单光子发射计算机断层扫描(SPECT)可以通过葡萄糖摄取模式

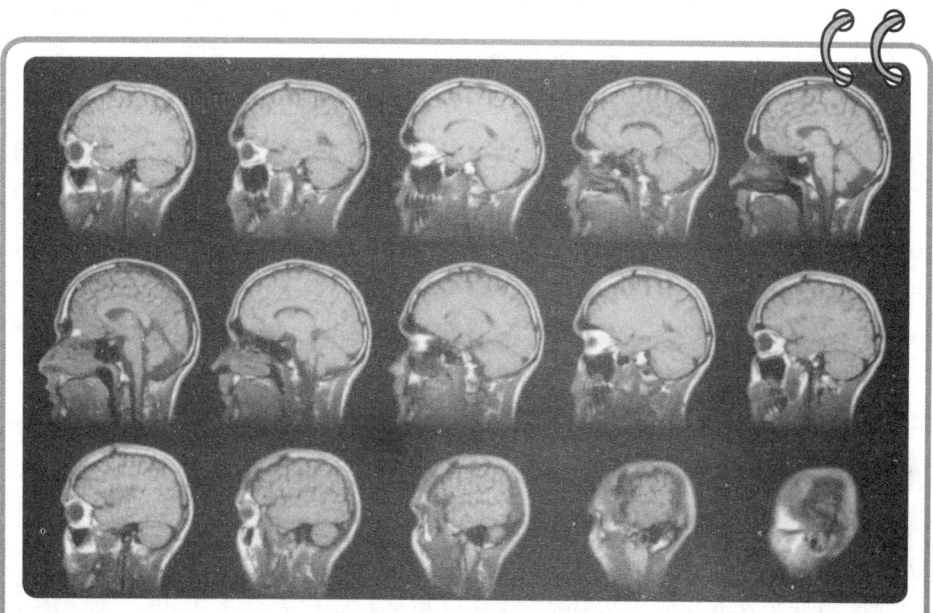

这是一幅22岁男性的核磁共振成像脑部扫描图。该扫描图包括20片从右耳到左耳的垂直切片。大脑成像技术使我们能够观察到活体大脑的工作方式，这可能是几十年以来的一项卓越成就。（图片来源：iStock 图像）

和血流模式来探究大脑的实际工作状况。

　　近年来，功能性核磁共振成像（fMRI）能够将大脑的活动快速反复成像，从而对一段时间内的大脑活动进行研究。实际上，大脑成像技术已经从静态照片发展为运动影像。此外，研究对象还能在完成多种活动的状态下接受扫描，这为今后的实验开拓了更为广阔的空间。

认 知 科 学

▶ 什么是认知科学？

　　认知科学被看作是认知革命的衍生物。认知科学家从科学的有利点出发，运

用进化心理学、语言学、计算机科学、哲学和神经生物学的工具来探究心理现象。认知科学的目的之一就是通过创建计算机程序来模拟心理过程和大脑神经过程。认知科学家提出了一系列心理学问题，其中包括记忆、语言、学习和做决定等。神经网络理论阐述了大脑细胞的巨大网络是如何共同工作，从而产生复杂行为的。有了这些研究，很多非凡的技术革新获得了发展，其中包括语音识别软件和机器人技术的进步。

▷ 什么是人工智能？

人工智能（AI）是一种表现智力过程的计算机模型。人工智能科学家设计计算机程序来模拟人的智力。他们潜在的假设是心智可以被还原成数学运算法则，即一套可以用计算机程序来表达的数学规则。不过到目前为止，人工智能仅在人类心理学中相当简单的领域内得到了应用，如视觉感知和物体识别等。然而，人工智能模型正在变得越来越复杂，并已经开始涉及复杂的学习问题。面对新信息，计算机程序如何进行自我调整？模式识别软件依靠的是一种教学。程序会对来自外部世界的最新反馈做出回应。那些得到加强的回应会得以增强，而没有得到加强的回应就会被弱化。这样，人工智能与行为主义和心理学的进化模式就有了相似点。

▷ 心智能否被还原成数学方程式？

人类心理的计算机模型建立在数学法则的基础上。一套固定的数学方程式能否完全解释人的心智是一个哲学问题。被称为神经哲学的哲学新分支赞成这一观点，而威廉·詹姆斯的整体观、格式塔理论家和人本主义心理学家则提出整体不仅仅是部分之和。直到如今，对于这个问题也没有确切的答案。关于认知科学和人工智能的另一个争议涉及可感受特性这个概念。它是指心理过程的主观性质，如黄色之黄。人工智能可能会模拟潜存于感知黄颜色下的神经过程，但它能解释这些神经元传递信息模式如何产生对黄色的体验吗？目前，我们还不能回答这些基础的哲学问题。

心　理　学

▶ 心理学研究的目的是什么？

心理学研究为现代心理学提供了绝对的基础。在心理学中，它们就好比面包与黄油、砖块与灰泥的关系。研究使我们能够以一种精确而系统的方法来探究心理学问题，这样，心理学才不仅仅是主观观点与零星观察的集合。

▶ 心理学研究是完全客观的吗？

当然不是。人类的行为十分复杂，而且会受到众多因素的影响。就算最科学的研究也会在某些程度上依赖于主观判断。因此，考虑到研究中可能出现的混淆、偏见和局限，我们要尽可能采用最严谨的方法。这就是我们为什么要在杂志发表研究成果之前采用同行审议的方法来进行质量控制的原因。这样，本领域的其他专家就可以对每一篇论义做出独立的匿名评价。实证研究是最精确的方法，但它也并非完美无瑕。幸运的是，反驳错误研究的最佳方式就是进行更多的研究。此外，研究还可以用来更正本身出现的错误。

▶ 什么是变量？

变量是心理学研究中的基本成分，是研究中的一项基础单位。任何我们希望考察的行为特征都可以转化为变量，然后再用数字进行测量。我们使用变量这个术语是因为我们研究的特点会因人而异，也会随着时间的变化而产生不同。例如，如果我们想考察红色头发和学业成绩之间的关系，我们必须首先将感兴趣的特质操作化，也就是把它们转化为变量。我们把红色头发编码为"1"，把非红色头发编码为"0"。然后再用分数代表学业成绩，把A到F转化为13格刻度（$A^+=13$，$A=12$，$A^-=11$，$B^+=10$等）。将感兴趣的特质转化为数字变量之后，我们就可以用数学来计算变量之间的关系。事实上，这就是心理学的基本要素。

⊙ **心理学研究中使用的主要方法是什么?**

我们进行心理学研究时,可以采用很多方法来保证研究的灵活性。在实验性研究中,我们会对变量进行控制和操控,以保证观察的最大精确性。这种控制的缺点是我们不知道在人工操控的环境中观察到的行为是否可以推广到日常生活中。在观察性研究中,我们能够在自然的环境下观察行为。不过,我们也要为这种本能行为牺牲一定程度的控制性和精确性。横断面研究是在一个时间点上对行为做出评估。纵向研究则是在一段时间内对行为进行研究,这种研究有时要历时几十年。在定量研究中,行为被量化为数字。虽然定量研究是心理学研究中最常见的形式,但近来定性研究也获得了人们更多的关注。这种方法是指在不使用数字的情况下进行细致观察。

 ▸ **法律对于保护人们不受虐待性科学实验的伤害做了哪些改变?**

以人类作为实验对象的科学研究历史充满着虐待。这样的实验很多,其中包括纳粹对集中营的难民实施的惨无人道的实验和20世纪30年代臭名昭著的塔斯基吉(Tuskegee)实验等。在塔斯基吉实验中,实验对象是那些没有受过教育的穷苦非裔美国人。他们患了梅毒,而实验者却故意不为他们进行治疗。

这段令人不安的历史中还涉及心理研究。其中包括20世纪60年代的斯坦利·米尔格拉姆(Stanley Milgram)实验。实验中,实验对象由于受到误导而相信他们由于执行电击他人的命令而给别人带来了痛苦、伤害甚至死亡。约翰·华生对小艾伯特进行的实验则是另一个例证。

从20世纪40年代起,一系列美国国内和国际法律陆续出台,用来保护研究中受试者的人权。1947年,《纽伦堡守则》(Nuremburg Code)为与人类有关的实验定下了国际准则。20世纪60年代,美国进一步通过了一系列法律来保护实验对象。独立审查委员会（Independent Review Board）的建立也可追溯到这一时期,该机构负责对全美研究机构中有关人类实验的安全和伦理问题进行监督。

目前在美国,所有以人为实验对象的研究必须经过独立审查委员会（IRBs）和人体研究评审委员会（Human Subjects Review Committees）的批准。此外,大多数的学术期刊都要获得独立审查委员会的批准才能出版。

▶ 所有的心理学研究都要使用数字吗?

大多数心理学研究属于定量研究,需要将心理特征和行为转化为可以进行系统分析的变量。不过,定性研究在心理研究中也占有一席之地。在定性研究中,观察对象更少,而对他们访谈却更加集中。定性研究记录观察的方式不是通过数字,而是使用充足而详尽的叙述。在这些叙述中,研究者能够找到可进行精确定量研究的主题。因此,定性研究是假设发生和假设检验的结合。与定量研究相比,定性研究具有更广泛的基础,方式也更为开放;其缺点是不够精确、重现性差。我们最好将定性研究理解为研究的预备类型。

▶ 社会科学方法与自然科学方法有何区别?

总而言之,数学在社会科学和在自然科学中的作用是不同的。在自然科学特别是物理学中,数学被用来确定自然定律。一旦一个数学方程式被确定下来并用以解释物体的行为,该方程式就能够极其精确地预测物体的运动。想想那些将火箭送入太空的方程式吧。因此,在自然科学中,数学是有预言性和确定性的。

所有物体的行为都可以用方程式来预测。不过,现代物理学中的很多方面都与这一确定性相悖,比如量子力学和海森堡不确定性原理（Heisenberg's Uncertainty Principle）等。在心理学中,由于研究的主题十分复杂,因此无法用方

程式来预测人类的所有行为。方程式是否能预测人类行为还是一个存在争议的话题，但可以确定的是，直到目前这还没有变成现实。那么数学在心理学中的作用是指什么呢？在心理学中，数学是概率的。我们要对某些陈述真实与否的可能性做出判断。此外，这些判断建立在集合体即群体行为的基础上。因此，虽然我们可能说出一个团体的可能行为，却无法确切预测某一特定个体的行为。例如，样本显示喝啤酒的男大学生的数量多于女大学生，一般来说，我们可以预测男大学生会比女大学生喝更多的啤酒，但是我们却不能就此预测任何一个特定大学生的行为。

▶ 样本抽选为什么重要？

在心理学研究中，我们试图通过对一个小样本的观察来对更大的人群做出结论。我们无法对所有男大学生或所有患精神分裂症的患者进行研究，因此我们仅对兴趣人群中的小样本进行考察，然后再把结论应用于更大的人群中。出于这个原因，确定样本与更大人群的相似性就显得十分关键。有很多因素会导致样本和更大人群之间有所出入。例如，如果你想研究非法行为，你很可能会在司法系统内来寻找你的样本。但如果你这样做，你的样本就会立刻偏向那些被逮捕的人群，而没有将从未入狱的人计算在内。再如，如果你想研究有抑郁症的人，你很可能会去研究那些患有精神疾病的人。这样，你的样本就会偏向那些寻求治疗的人群。因为在样本抽选中不可能排除所有问题，所以研究者必须认真描述样本。只有这样，对更大人群的适应性或研究的可普及性才能得到有效评估。

▶ 什么是统计学以及统计学如何发挥作用？

只要一提到统计学，几百万心理学专业的学生就要咬紧牙关、转动眼球、苦恼不已。不过，统计学是心理学研究的一个基础要素。统计学为我们测量两个或两个以上变量（如智力、进取心或抑郁的严重程度）之间的关系提供了一种数学方法。统计学可以展示变量之间的关系，并能显示这种关系的强度。最常见的统计方法有中央趋势量数（measures of central tendency）：平均数、中位数和众数等；组差异测量：t检测（t-test）、方差分析（ANOVA）、多元方差分析（MANOVA）等；共变（covariation）测量：相关检测（correlation）、因子分析（factor analyses）、回归分析（regression analyses）等。共变测量主要用来估算两个或两个以上变量彼此相关的变化程度。例如，身高和体重之间属于共变（或相关），而年龄与种族划分之间则不是。总体来说，个子高的人体重更重，但种族划分却不会随着年龄增长而发生变化。

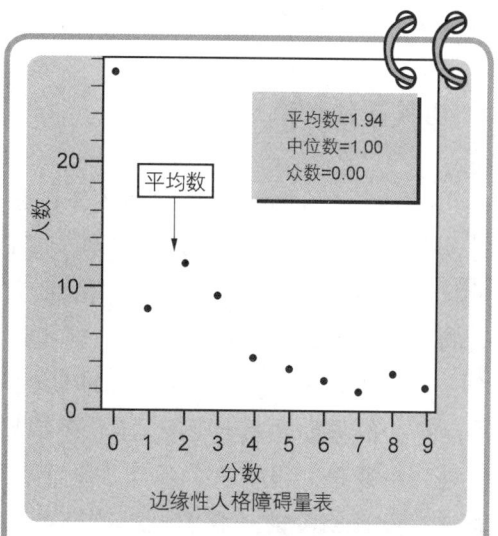

边缘性人格障碍量表

此图显示了69个人在测量人格障碍特质测试中的分数。纵轴代表人数，即得到每个分数的人数。横轴代表分数。在此图中，绝大多数受试者的得分较低，只有一部分人得分较高。当分数过于集中于一端时，这就是偏态分布（skewed distribution）。在正态分布（normal distribution）中，分数大多集中在中段，两端区域的分数相对较少。在这样的偏态分布中，平均数、中位数和众数都不相同。

▶ 中央趋势量数是什么？

描述人群或样本有很多方法。平均数是用所有数字的总和除以数字个数的结果。例如，数列 {4,7,8,9,9} 的平均数是7.4（4+7+8+9+9再除以5）。中位数是样本中间的数字，有一半数字在中位数前，还有一半在中位数后。在这个例子中，中位数是8。众数是指最常出现的数字。在这个例子中，众数是9。每种中央趋势的测量方法都各有利弊。

▶ 中位数和平均数有何区别以及它们的区别有何重要性？

平均数对极值非常敏感，所以当一些值比其他值大很多时，通常会使结果产生偏差。中位数不会受极端值的影响，因此是一种更为稳定的中央趋势测量方法。例如，8，8，9，12，13和102的平均数是25.3，但中位数是10.5。当描述诸如国民收入等特点时，这两者之间的区别就非常重要。由于一小部分人的收入很高，美国人收入的平均数要大于中位数，所以美国人口调查局只报告

国民收入的中位数。从另一方面来看,平均数在统计分析方面更有价值。

▶ 相关是什么意思?

相关是评价两个变量之间关系的最常用方法。如果一个变量增长的同时,另一个变量也增长,那么这两个变量呈正相关。例如,群集性和朋友数量就呈正相关。一个人越合群,他拥有的朋友数量就越多;相反,不合群的人的朋友数量也就较少。如果一个变量增加,而另一个变量减少,那么这两个变量呈负相关。例如,年龄和冲动性呈负相关。一个人的年龄越大,做出冲动行为的可能性就越小;同样,年龄越小,做出冲动行为的可能性就越大。如果两个变量间没有任何关系,它们就没有相关性。例如,出生月份和数学能力就没有相关性。我们也不能期待出生月份会对一个人的数学能力产生任何影响。

▶ 当解释一项研究的结果时,人们需要了解的关键性概念是什么?

我们相信,科学方法会给我们带来可靠的结论。然而,我们不能根据表面情况来对研究做出判断。很多因素都会使一项研究产生偏差,所以能够严谨地解释研究结果是至关重要的。其中,特别重要的是效度。结果是否有效?它能否为研究结论提供数据支持?内在效度是指研究方法的完整性。实验设计本身是否存在致命瑕疵?例如,在一项比较两种药物有效性的研究中,有一种药物已经超出了有效期。在这个例子中,药物B没有药物A有效,仅仅因为它超出了有效期。外在效度是指研究结果能够被应用于更广泛人群的程度。例如,在一项考察对待宗教态度的研究中,如果实验对象只包括无神论者,就会使其外在效度受限。这可能是对受试者宗教信仰的确切描述,但研究没有将非无神论者包括在内。总体来说,内在效度比外在效度更为重要。

▶ 研究混淆是什么意思?

混淆是指使研究结果发生偏差的因素,是用来解释两个变量关系且与它们无关的第三方变量。例如,很多智力测试方面的早期文献发现,北欧裔美国人的智商要高于南欧或东欧裔美国人。不过，这样的结果受到了语言流畅性的混淆，因为这些移民的英语都不流利。因此，由于该测试受到了语言能力的混淆，我们就不能得出这样的结论：种族群体之间的测试分数差异是由智商决定的。

▶ 研究的可推广性是什么意思？

如果一项研究的结果可以在人数更多的群体中应用，我们就可以说该研究是可推广的。可推广性的另外一个术语是外在效度。

心 理 测 试

▶ 在心理学中心理测试起什么作用？

心理测试是心理学的基本要素。心理学研究要依靠对心理特征的测量，而这只能通过心理测试来完成。然而，心理特征本身很难评估，因为它们并不像具体物体那样容易测量，比如绿豌豆的数量或长颈鹿的高度等。心理特征就像爱、幸福和自尊一样，抽象而无形。人们看不见、摸不着，不同的人对它们的解释也不尽相同。因此，心理研究中一个最关键的部分就是以一种系统的可靠的方式来构建可以测量心理特征的心理测试。

▶ 心理测试分为哪些类型？

心理测试分为很多类型，它们各有利弊。也许最常见的测试类型就是自陈式问卷，即受试者要回答一系列能够为一项或多项特征提供信息的问题。这样的心理测试在构建、管理和评分方面既快速又简便，但在受试者的自陈式问卷中也存在不准确的可能性。

临床监测问卷可以使临床医生根据受试者对每个问题的回应做出最后的评分。

访谈与问卷类似，它是针对受试者设计的一系列问题，但采访者更有通过

每个问题从受试者身上获取更多信息的余地。

投射测验,如主题统觉测验、罗夏(瑞士精神病学家)测验等,是让受试者完成一个任务(如看图片讲故事等),然后从中揭示他们思维、感觉和行为的方式。不过,受试者并没有察觉到被显示的信息。

在认知测试中,受试者需要完成很多任务,其中包括像记忆一连串单词或拼图等智力技能。

感觉或运动任务测试是对触觉敏感度之类的感觉技能,或视动协调之类的运动技能进行测量。

最后三组测试被称为客观测试,因为它们是对客观行为做出评价。

▶ 测量情绪或行为特征的测试问题有哪些例子?

以下两段摘录为我们提供了测量不同情绪和行为特征的心理测试的样本。第一组问题测试了愤怒调节,而第二组问题测试了可持续能动性。这些问题既可以在访谈中由采访者大声读出,也可以由受试者自己来填写自陈式问卷。请注意这些问题是如何被转化为数字的,之后研究者可以将这些数字加在一起得到总分。

在过去5年中,下列陈述发生在你身上的频率如何?

(5)	(4)	(3)	(2)	(1)	(0)
每天	每周	每月	一年几次	很少	从不

——有时我真的很易怒,而其他时候没有什么事使我烦恼。

——有时甚至最小的事也能使我暴怒。

——我可能因为一些事而暴怒,但突然又能平静下来,恢复正常状态。

——我会心怀怨恨很久。

——当我发火时,我很难控制自己的情绪。

一些人很难开始着手去做一些他们该做或想做的事。在过去5年中,下列陈述发生在你身上的频率如何?

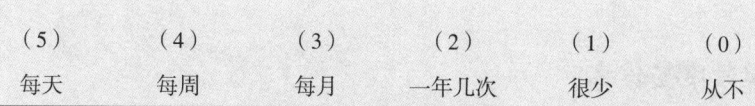

（5）	（4）	（3）	（2）	（1）	（0）
每天	每周	每月	一年几次	很少	从不

——我很难抽出时间做我必须做的事。

——我很难将已经开始的事情做完。

——虽然我开始实施一项计划（或工作、爱好、学业等）时很有动力也很兴奋，但我很容易分散注意力并感到厌倦。

——当我感到沮丧或厌倦时，我就不再继续做一些事情。

——我上班通常会迟到半小时。

——我上班通常会迟到一小时。

▶ 如何开发测试和测量方式？

编制测试需要完成很多工作。首先，要给测试定下范围。你究竟想测量什么？然后通过最常见的自陈式问卷选出要测量的项目。其次，必须在几个人群样本中使用该测试，以证明该测量方式是稳定而可信的。编制测试的两个关键性概念是信度和效度。

▶ 测试信度是什么？

测试信度是指稳定地对某一特定特征进行测试的能力。如果一种测试方法在每次应用时的结果都不尽相同，那么这种方法就是不可信的。根据测试的大纲与目的，信度可分为不同的形式。内部一致性是指所有测试项目都有内部相关性，它们彼此关联。问卷中常常使用这种信度，因为需要保证问卷中的多个项目可以用来评价同一个特点。重测信度用来评价一种测试的最初使用和重复使用是否相关。只有当被测量的特点不会随时间发生大幅改变时，该测试才是有效的。评判间信度常用于半结构式问卷和其他测量方法中。这种效度要求评判者在评分时必须使用复杂的主观判断。只有当两个或多个评判者使用相同方法对同样的材料进行评分时，该方法才具有评判

间信度。

▶ 测试效度是什么?

测试效度是反映一种测量手段能够测得预期结果的程度。效度通常用一种类似的测量方式对相同内容进行测试得出的相关度来测定。例如,抑郁等级量表可能与另一项测量抑郁的问卷存在相关。这样,组别差异就可以被用来确定效度。在抑郁等级量表上,患有抑郁症的精神病住院患者的得分是否高于另一组健康受试者? 就这一点而言,抑郁症患者的得分是否高于精神分裂症患者? 有了对相似结构进行测量的聚合效度,我们就可以为相同的材料做出类似的评分。例如,两种对于抑郁症的测试方法应该呈正相关。而对不同结构进行测试的分歧效度则会对相同材料做出不同的评分。例如,对抑郁症的测量和对幸福的测量不应该呈相关态势。

▶ 没有效度可能有信度吗?

一项测试没有效度也会拥有信度。例如,尺子是一种可信的测量工具,它总是能够以同样的方式对既定的距离进行测定。然而,它并不是测量抑郁程度的有效工具,因为无论它的测量结果多么稳定,都与抑郁毫无关系。虽然一项测试在没有效度的情况下仍然存在信度,但如果它缺乏信度,就没有效度。如果一项测试没有稳定的测量方式,我们就不能说它测得了预期的结果,因此也就没有效度。

▶ 什么是罗夏墨渍测试?

罗夏墨渍测试是一项著名的投射测试。事实上,它的用途十分广泛,流行媒体也经常对此进行渲染,使它成为一种能够神奇看穿人类心灵的、神秘的甚至有点恐怖的测试。罗夏墨渍测试由10张墨渍形象卡片组成,其中有些是黑白色的,有些是彩色的。赫尔曼·罗夏(Herman Rorschach, 1884—1922)首创了墨渍测试,并于1922年向公众公布。就像人们看到云时能够联想起各种形象一样,受试者看到墨渍的形象后要辨认和描述这些形象。他们对这些形象的形式和内容的反应被编辑起来，作为受试者本身心理过程的反映。这种测试没有固定的答案，受试者必须将自己的思维过程投射到墨渍上，然后使其具有意义。因此，罗夏把它称为投射测试。也许因为罗夏最初用精神分裂症的住院患者来实施他的测试，所以该测试对精神病患者的思维过程特别敏感。

▶ 罗夏墨渍测试遭受了哪些批评？

　　虽然自从1922年罗夏公布墨渍测试之后，人们已经设计了大量的评分系统，但在20世纪中期的黄金时期，罗夏墨渍测试却是由组织测试的临床医生随意解释的。人们大肆渲染罗夏测试的影响力，但它却几乎没有得到任何实证研究的支持。正因为此，罗夏测试被无情地批评为缺乏科学性。此外，由于它和精神分析的关系十分密切，从而进一步遭到贬损和毁谤，因为精神分析也曾被批评为缺乏科学性。与罗夏测试一样，精神分析也是通过表面不带有任何感情色彩的材料来对人们的情绪意义进行判定。

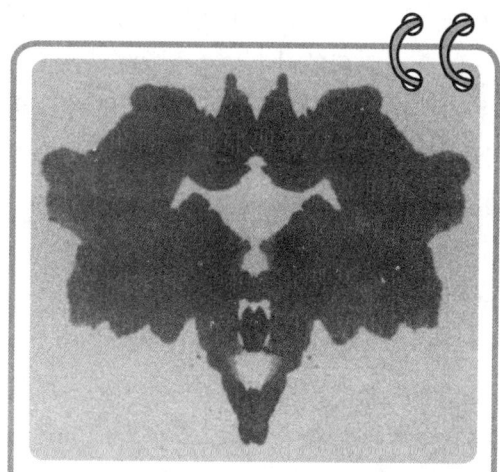

这幅墨渍设计与罗夏测试中的墨渍非常相似。试一试，你能在墨渍中看到什么形象？你看的是墨渍的哪一部分？你是在墨渍部分还是空白部分看出的那个形象？（图片来源：iStock 图像）

▶ 埃克斯纳系统如何证实了罗夏测试的合理性？

　　1974年，约翰·埃克斯纳（John Exner）出版了《罗夏测试综合评分法》（*Comprehensive Scoring System for the Rorschach*），其中他将早期的评分法加工成一种系统的综合的方法。此外，他还为该结果提供了大量具有很高信度和效度的实证研究。他的评分标准几经修改和完善。尽管时至今日人们对埃克斯纳的方法仍有批评之音，但无可争辩的是，他为罗夏测试提供了一种科学的支持系统。

▶ **什么是主题统觉测验?**

主题统觉测验是另一种几乎与罗夏墨渍测试齐名的投射测试,由亨利·默里(Henry Murray)于1938年设计。全套测试有20张卡片,内容为一个或多个人物处在模糊的背景中。通常情况下,测试者一次只使用10张卡片。受试者要讲出图片中正在发生的故事、接下来会发生什么、最后结果会怎样。此外,受试者还要说出图中人物的想法和感觉。因为图片上的形象比较模糊,所以受试者所讲述的故事会反映他们在处理人际关系时的个人方式。不过令人遗憾的是,主题统觉测试没有得到像约翰·埃克斯纳那样的心理学家的支持,所以没能发展出现代的评分系统。因此,由于缺乏可信的有效的评分系统,主题统觉测验只能用于定性研究或与其他具有科学方法支持的测试联合使用。

▶ **明尼苏达多项人格测验是什么?**

明尼苏达多项人格测验是最早、最著名的自陈式问卷,用来测量人格和精神病理的各个方面。明尼苏达多项人格测验最早的版本出现在20世纪40年代。第二版,即新版明尼苏达多项人格测验目前仍在使用,最后一次修订是在1989年。在明尼苏达多项人格测验中,8个基本症状量表来源于567道判断题。8个基本症状量表分别是疑病量表、癔病量表、抑郁量表、病态人格量表、妄想量表、精神衰弱量表、精神分裂症量表和狂躁量表。其他量表还包括男性—女性倾向量表、社会内向量表和三项用来评价反应偏向的效度量表。此外,还有供青少年使用的明尼苏达多项人格测验的青少年版。

智 商 测 试

▶ **什么是智商测试?**

智商测试是一种为智力打出分数的认知技能测试,是指对一般智力做出估计的测试。智商测试分为很多子测试，用来对不同的智力技能做出评判，其中包括记忆、词汇、推理、注意力和模仿技能等。因此，智商测试可能包括一系列词语归类、数学问题或模仿绘画等。所有子测试中的题目有难有易，随着测试的进行，题目会越来越难。智力测试的分数是根据答对题目的数量来确定的。

▶ 智商测试常模是什么?

测试常模可以将任何人的分数和普通大众的分数进行比较。换句话说，如果测试是常模的，我们就可能知道任何分数的百分制等级，也就是低于这个分数的人在普通大众中所占的百分比。为了建立测试常模，测试要使用大量的人群样本，然后计算平均分和标准差。标准差是指一个人的得分与平均分的差距。所有的分数是集中在接近平均分还是与平均分相差很远。如果知道了一项测试的平均分和标准差，你就能够确定任何分数的百分制等级。因此，智商的分数反映了一种测试常模下一个人在普通大众中的百分制等级。

▶ 什么是韦氏成人智力测验?

韦氏成人智力测验是应用最广泛的一种智商测试。韦氏成人智力测验（第一版）于1958年出版，2008年出版的韦氏成人智力测验（第四版）在十项核心子测试的基础上提出了全量表智商。这些核心子测试包括词汇、相似性、知识、算数、数字广度、木块图、矩阵推理、视觉谜题、数字符号、符号搜索。五项补充测试包括领悟、字母—数字次序、图画填充、图形拼凑和划消。

▶ 韦氏成人智力测验（第四版）的四个指数分数是什么?

韦氏成人智力测验的子测试可分为四个指数分数，每项分数用来测量特定的认知能力。语词理解指数反映用语言来表达抽象观点的能力；知觉推理指数表现处理视觉和空间信息的能力；即时记忆指数显示在记忆中保存和操作信息的能力；数据处理速度指数说明了快速处理信息的能力。这些指数告诉我们，韦氏成人智力测验所测量的智力具有很多不同的组成成分。

▶ 韦氏成人智力测验能对智力进行测量吗？

仅仅通过一项测试，是否能对智力这个复杂的概念进行测量一直是人们争论的话题。不过韦氏成人智力测验在测量广泛的认知技能方面发挥了良好作用。韦氏成人智力测验也与很多其他认知测试和大脑活动的研究密切相关。换句话说，与那些在韦氏测验中得分较低的人相比，得分较高的人更可能在学校和工作领域表现出色。此外，他们更可能在与复杂思维相关的大脑活动中有上佳表现。

▶ 智商测试有用吗？

智商在测量不同认知技能的工作中发挥着重要作用，而这些认知技能在这个工业化的复杂现代社会中至关重要。这其中包括抽象的处理问题能力和复杂的注意力问题。智商反映了一个人总体的智力水平。但当对数据进行解释时，我们必须对子测试给予密切关注，因为每个人的测试表现都可能显示出很大的差异。如一个人可能在一些测试上得分很高，而在另一些测试上得分很低。此外，智力也很容易受到文化偏好的影响。不过，子测试和功能指数对于概括一个人的思维过程大有帮助。这种概括对于诊断很多神经病和精神病状况——如痴呆、抑郁、注意缺陷障碍和智力迟钝等——很有用处。因此，无论一个人智商测试的得分是多少，这些子测试所提供的基本情况在临床方面的用处都极为广泛。

▶ 人们是否就"智力是什么"达成了共识？

人们普遍认为一般智力确实存在，而且人们的智力水平各有不同。不过在智力的定义方面人们还存在着很大分歧。不严格地说，我们可以将智力定义为一种以适应环境的方式来处理信息的能力。不过，这样的定义似乎意味着智力可能会随着环境的变化而发生改变。如果你生活在一个以捕猎和采集为生的社会，那么你的智力就与你阅读抽象的哲学文献的能力毫不相干，而更多涉及你适应自然环境的能力。事实上，如果那些在韦氏成人智力测验中取得高分的人被丢进19世纪澳大利亚未开垦的丛林地中，他们的表现很可能十分拙劣。同样，一位没有受过教育的19世纪澳大利亚土著居民也可能会在韦氏成人智力测验中表现得极其糟糕，但他却拥有大量在丛林中生存的知识和技能。因为从本质上讲，智力与一个人所处的环境息息相关，所以在智力测试中还存在着很多与文化偏好有关的问题。因此，完全脱离文化偏好去设计智力测试几乎是不可能的。

▶ 在智商测试中降低文化偏好的最佳方法有哪些？

虽然我们不可能去除智商测试中所有的文化偏好问题，但仍然有方法确保测试可以适用于最广泛的人群。这一点对于美国这样的高度多元化社会来说特别重要。例如，韦氏成人智力测验（第四版）包括如木块图和矩阵推理这样的非语言性测试，它们既不依赖于语言，又不太依赖于教育程度。此外，抽象几何图形的使用也避免了应用具有文化意义的形象。另外排除仅与人口中一小部分人相关的知识项也很重要。例如，早

一些人对智商测试的有效性提出了质疑，因为想设计一种不受文化偏好影响的测试十分困难。（图片来源：iStock 图像）

期的智力测试中包含制作特殊的汽车模型的项目，而这一题目仅与那些能开车的人和对车有特别关注的人才能完成。还有一个降低文化偏好的方式是为人口的不同组成部分提供常模。例如，韦氏成人智力测验（第四版）就包括为不同年龄层次的人所准备的常模，很多不同的认知测试都为不同教育水平的人分别提供了常模。最后，将测试题目翻译成不同的语言也是非常重要的一点。

▶ 有没有韦氏成人智力测验不能测量的其他智力类型？

如果我们将智力定义为一种以适应环境的方式来处理信息的能力，那么

韦氏成人智力测验则只能对其中一小部分的技能进行测试。霍华德·加德纳（Howard Gardiner）对传统的一元智能理论提出了质疑，转而提出多元智能的存在。多元智能包括智力的身体、社会和情感形式。同样，丹尼尔·戈尔曼（Daniel Goleman）也对情绪智力，即有效处理情绪与人际关系的能力有过大量论述。常识心理学主要对城市生活方式、政治才干、商业能力、机械学能力，甚至是常识进行论述。不过，尽管我们认为视觉—空间测试与机械学能力有一些关系，但以上这些智力都不是通过韦氏成人智力测验直接测量的。然而我们知道，有些人智商较低，他们的人际关系能力和日常生活能力也较弱。另一方面，我们也知道有的人智商很高，但他们的情绪能力和人际关系能力也很差，有些人甚至还缺乏最基础的常识。因此，我们可以得出结论，韦氏成人智力测验只能测量智力的某些方面，而与智力的另一些方面毫不相关。

▶ 美国陆军设计的阿尔法和贝塔测试是什么？

1917年，在美国加入第一次世界大战之后，美国心理学会召集了一个委员会来专门研讨如何为战争作出最大的贡献。该委员会最后做出结论，能够大规模应用的智力测试将会是最有用的。如果那些准备入伍的士兵的得分在分界点以下，军队就会拒绝接纳他们。相反，如果他们的得分很高，就会被委以军队的上层职位。

在哈佛大学心理学家、陆军少校罗伯特·耶基斯（Robert Yerkes）的带领下，美国陆军设计了书面测试——《军队阿尔法测试》（Army Alpha），另外还为40%不能阅读书面测试的士兵准备了图示版《军队贝塔测试》（Army Beta）。这些测试对于士兵退伍和晋升都产生了重大影响。由于第一次世界大战期间这类测试的使用，战后智力测试和能力测试在学校、军队和其他机构都流行起来。

然而，随之而来的是对文化偏见的批评，还有人抱怨陆军测试的内容偏袒了那些富裕的美国本地人，而没有什么特权的移民却对奢华名车的发动机和网球场的布置一无所知。另外，很多问题的设置都很守旧，比如那些与英裔美国人价值观不符的观点都会被判为智商较低。不过，虽然这些批评之音非常合理，但我们必须记住，智力测试仅是为工作安排提供了一种以成绩为基础的方法。有了这种方式，美国陆军至少试图想做到更加民主，而不是像以前那样采用一种赤裸裸的以家庭、阶级为基础的有偏见的方式。如今的智商测试和能力测试都带有更强烈的文化敏感性。然而，想要设计一种完全在文化上中立的测试几乎是不可能的。

⊙ 谁设计了第一个智力测试？

约翰·高尔顿（John Galton）是优生学之父，也是研究智力个体差异的首批科学家之一。他提出，智力差异——也就是我们所说的基因——是可遗传的。他的目的就是将智力最出众的个体和那些最差的个体区分开来，然后有选择地进行培养。为了与威廉·冯特（Wilhelm Wundt）的感觉和知觉研究保持一致，他最初的智力测试包括测量感觉刺激的反应时间和其他感觉—运动技能。詹姆斯·卡特尔（James Cattell，1860—1944）在高尔顿的基础上将这项工作推进一步，又开发了一套智力测试题。在美国哥伦比亚大学担任心理学教授时，卡特尔将这项测试应用于数百名大学新生（也许这就是长久以来美国对大学新生进行心理学研究的传统开端）。

到1901年，卡特尔有了足够的数据将学生们的成绩和他们的智力测试结果进行相关测试。然而令他失望的是，这两个变量之间并不存在相关关系。我们大概可以将这一结果归结为两个因素：一是缺乏构建效度，心理学的测量结果与学业成绩根本不相关。二是顶尖大学的新生在智力上没有太大差异，因此学业成绩与智力的相关性可能被这一事实所掩盖。

⊙ 心理年龄是什么意思？

阿尔弗雷德·比奈（Alfred Binet，1857—1911）是一位法国心理学家。他进一步发展了高尔顿和卡特尔的工作，提出了心理年龄这一概念。当对孩子们成长过程中发展新认知技能的情况进行观察时，比奈认识到智力可以在发展过程中进行测量。因此，通过比较孩子们的测试成绩和这些成绩所对应的年龄，他就能计算出每个孩子的心理年龄。

⊙ 什么是比奈—西蒙测验？

由于得到法国政府对于关注智力发展迟缓儿童问题的委任，比奈和他的同事西奥多·西蒙（Theodore Simon）决定设计一套测试，将那些智力发育迟缓的儿童和那些智力正常的儿童区别开来。他们对测试进行了多种管理和改进，将其应用于智力正常儿童和智力发育迟缓儿童。该测试的第一版于1905年出版，

此后又连续出版了几版修订本。在1908年的版本中,通过为每个年龄提供预期测试成绩,比奈和西蒙设计出第一套有效度的实验性标准化测试。在几年的时间里,比奈—西蒙测试迅速传播到五大洲的许多国家。

▶ 什么是斯坦福—比奈智力测验?

美国斯坦福大学的刘易斯·M. 特曼(Lewis M. Terman,1877—1956)对比奈—西蒙测试进行了改进和完善,提高了量表高分端的敏感度。1916年出版的斯坦福—比奈智力测试是第一套使用智商分数的测试。智商分数源于一个很大的测试结果样本。特曼将智商的平均分设为100,标准差为10。他先将原始分数转化为智商分数,然后再计算出每个分数的百分等级。例如,如果智商分数为100,则百分等级为50;智商分数80的百分等级为2.5;而智商分数130的百分等级则是99。斯坦福—比奈测试是第一个沿用几十年的智商测试,第五版至今仍在使用。1958年,也就是特曼去世后2年,大卫·韦克斯勒(David Wechsler)出版了使用更为广泛的《韦氏成人智力测验》,至今也仍在使用。

▶ 早期的智力测试有哪些问题?

高尔顿使用的方法问题在于他的测试与智力的外部标志——如学业成绩等——完全没有联系。他的测试与智力的关系甚至不如与身体协调性的关系密切,因此没有构建效度。后来,这些测试又出现了信度问题。此外,还在很大程度上存在着极大的文化偏见,如在20世纪前几十年的时间内一直存在着反移民偏见。而这就是要将测试推广到更广泛人群所面临的最大问题。因为他没有将说英语的能力和与文化相关的知识纳入考虑范围。有些题目只测试与财富、说英语能力和本土美国人有关的知识,而其他题目则测试了智力能力以外的严格的道德价值观。后来,智力测试通过增加非语言测试、考虑题目与文化的关联度、建立与美国人口统计学相匹配的测试常模等方式解决了这些问题。

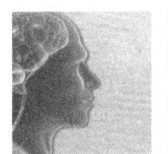

三 大脑与行为

神经科学中的基本概念

▶ 我们为什么研究大脑?

　　早在公元前500年,古希腊克罗顿(Croton)的阿尔克迈翁(Alcmaeon)就指出大脑是思维的物质载体,这一论断在2 500年后得到了现代科学的印证。心理学的方方面面都与大脑有关,我们的思想、感受、信仰、价值观等人类的本质性东西都来自这块重约1.36千克(3磅)的灰色组织。因此,心理学一定会涉及对大脑的研究,近几十年来在神经科学中的重大发现,也使我们对于大脑及其与思维的关系比以往任何时候都有了更为深刻的了解。

▶ 神经学家关于大脑进化的假设是什么以及这种假设是如何影响我们对于大脑的认识的?

　　关于大脑进化,神经学家有三个基本假设,这三个基本假设对于了解大脑的研究十分重要。其一,人们认为在大脑深处携带着进化之初的印记。就像是我们在成年后的人格中带有早期童年经历的痕迹一样,大脑在其构造中也载有人类的进化史。其二,大脑是向上向外扩展进化的,因此大脑最下面和最里面的部分也是最古老的部分。在大脑的进化历程中,它的最外面、最上面,还有最前面的部分进化发展得最晚。其三,我们的大脑在进

化的过程中变得越来越复杂了。在大脑的早期结构及其控制的行为功能中,大脑的结构简单而原始,而大脑中新进化的结构则更加复杂一些。

▶ 大脑变得复杂的代价和优势是什么?

随着大脑结构进化得越来越复杂,我们不禁要问:这种复杂性会带来什么益处,又要付出什么代价呢? 总体来说,复杂性会带来更大的灵活性,复杂的系统使人类具有更广泛的反应机制,从而能够适应复杂多变的环境。然而,复杂性也是要付出代价的。复杂的系统需要更多的能量,也比简单的系统更脆弱。相关的部分越多,也就越容易出现差错。

▶ 我们的大脑有多"贵重"?

我们的大脑虽然仅重约1.36千克(3磅,占人体平均体重的2%—3%),可是却大约要消耗人体15%的心脏供血量,20%的氧和葡萄糖。也就是说,大脑实际需要人体提供的能量是其重量的10倍。

▶ 在大脑结构中有哪些重要的术语?

虽然在本书中我们尽量使用简单的语言,但是了解一些大脑结构中的基本术语也是必要的。大脑是一个立体结构,我们会使用一些术语来区分上下、前后、内外。anterior 和 posterior(拉丁语为 rostral 和 caudal)分别用来指前、后,superior 和 inferior(拉丁语为 dorsal 和 ventral)指上、下,medial

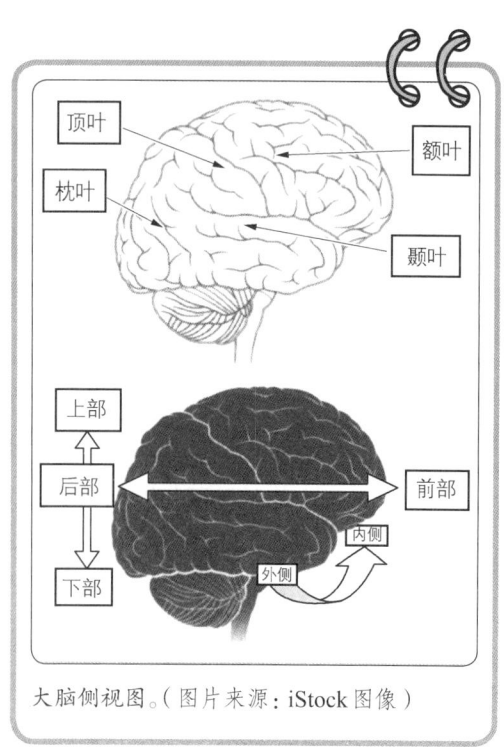

大脑侧视图。(图片来源:iStock 图像)

和lateral指内、外。

▶ 拉丁术语和英语术语有什么区别?

英语术语完全是指向性的,而拉丁术语则是依据身体部位来定义的。
rostral和caudal在拉丁语中指头和尾,dorsal和ventral指躯体的背部和腹部(如,
鲨鱼的背鳍)。medial指靠近躯体中线部分,而lateral则指远离中线部分。在我
们谈到大脑结构时,rostral和caudal用来指大脑的前部和后部,dorsal和ventral
指大脑的上部和下部,medial和lateral指大脑的内侧和外侧。

▶ 种系发展史的含义是什么?

种系发展史指的是进化的过程。比如,说某物种从"种系发展上年代久
远",指的就是"进化演变中年代久远"。

▶ 我们从动物身上学到了什么?

我们对于人脑的了解在很大程度上依赖于对动物大脑的研究。尽管在生物
学研究中以动物作为研究对象引起了动物权益的道德性讨论,但毋庸置疑的是,
对动物大脑的研究使人类对于了解自身受益匪浅。因为从法律和道德层面上来
讲,我们无法用人脑做活体实验,但相对可以在动物大脑上进行。另外,对各种
不同种类动物大脑的比较研究使我们对于大脑进化有了一些关键性的认识。

大脑的主要结构

▶ 大脑的主要结构是什么?

大脑结构复杂,外观像是一只放置在螺旋状海洋生物上面的拳击手套。大
脑外层充满褶皱,覆盖在大脑的上部和两侧,这部分叫做大脑皮层或新皮层。形

状像一只布满褶皱的拳击手套的部分就是大脑皮层。大脑皮层下面是大脑皮层下区域，其中包括位于大脑底部的小脑和脑干、大脑中部的丘脑及相关区域、包裹在丘脑周围的边缘系统。基底节也在大脑中部，与丘脑相邻。

▶ 大脑皮层与大脑皮层下区域有什么不同？

大脑皮层部分与大脑皮层下区域之间的区别至关重要。大脑皮层是新近演变进化的结果，因此现代人类的皮层结构比原始人复杂得多。大多数人类独有的复杂心理活动，如语言、抽象思维、阅读等，都是由皮层控制的。皮层下区域则处理心理和生理的基本功能。大脑底部最靠近脊髓的部分是最古老的部分，这部分用来调控一些人类与原始动物共有的生理功能，如呼吸、心跳、消化等。

大 脑 皮 层

▶ 大脑皮层为什么有许多褶皱？

大脑皮层表面布满褶皱，看起来像一个核桃。这些褶皱称作脑回，凸起的区域叫"回"，回之间向内凹陷的区域叫"沟"。这些褶皱增加了大脑皮层的表面积，从而大大增加了人类颅骨下这一相对狭小空间的神经细胞的数量。我们拥有的神经细胞越多，具有的处理信息的能力就越强大。有效利用空间的例子还有手风琴或是折叠的纸扇等，先折叠起来，然后从一端伸展到另一端。

▶ 大脑皮层的四个分区是什么？

大脑皮层分为四个区域，分别是额叶、颞叶、顶叶和枕叶。额叶从中央沟向前延展，构成了皮层的前半部分。皮层中拇指状的区域是颞叶。顶叶位于皮层的后部，从中央沟向后延伸至枕叶边缘（顶枕沟）。顶叶在皮层的后部下方。

▶ 什么是额叶？

额叶被认为是掌管智力的部分。额叶占据了人类大脑皮层的1/2，在大脑进化中出现得最晚。具体地说，额叶负责处理人类的执行功能。执行功能是指一系列控制人类行为的心理功能，其中包括计划、抽象思维、冲动控制及行为序列控制等。不难看出，如果这些区域受损将导致人类生活的极大障碍。除了执行功能外，额叶也掌管其他功能，如额叶尾部区域称作运动带，负责意向活动。另外，额叶的左后部——布罗卡区——负责言语生成或将思维转换成话语。

▶ 大脑皮层其他区域的作用是什么？

大脑皮层的其他三个区域均与感觉和知觉有关。枕叶与视觉有关，顶叶处理触觉和味觉（位于体感带）信息，颞叶处理关于听觉的信息。另外，顶叶也处理注意力和视觉—空间信息；颞叶处理有关语言、记忆、熟悉物体识别的信息。

▶ 大脑皮层上布洛德曼区有哪些？

1909年，科比尼安·布洛德曼（Korbinian Brodman，1868—1918）为大脑皮层绘图以规范大脑解剖的研究。布洛德曼先按照神经细胞的构筑方式将大脑皮层划分成一些显著的区域，然后用数字标注了52个区。不过，在人脑中只发现了其中的45个区，而在猴脑中发现了其余的7个区。尽管大脑的结构会因个体不同而有些许差别，但这种分区的方法为神经学家提供了一种共同语言，对于研究大脑解剖有很大帮助。然而，由于大脑的许多部分有好几个名称，因此在术语名称上还无法统一。

▶ 大脑两部分的功能相同吗？

大脑左右两部分的外观几乎完全相同，但是这两部分皮层所起的作用却大相径庭，这种左右脑的功能区别称作大脑侧化。左侧皮层负责语言理解和言语生成，右侧皮层负责空间、情绪的信息处理及面孔识别。由于大脑侧化，脑损伤（例如中风）所带来的影响取决于受到伤害的那一侧大脑所掌管的功能。

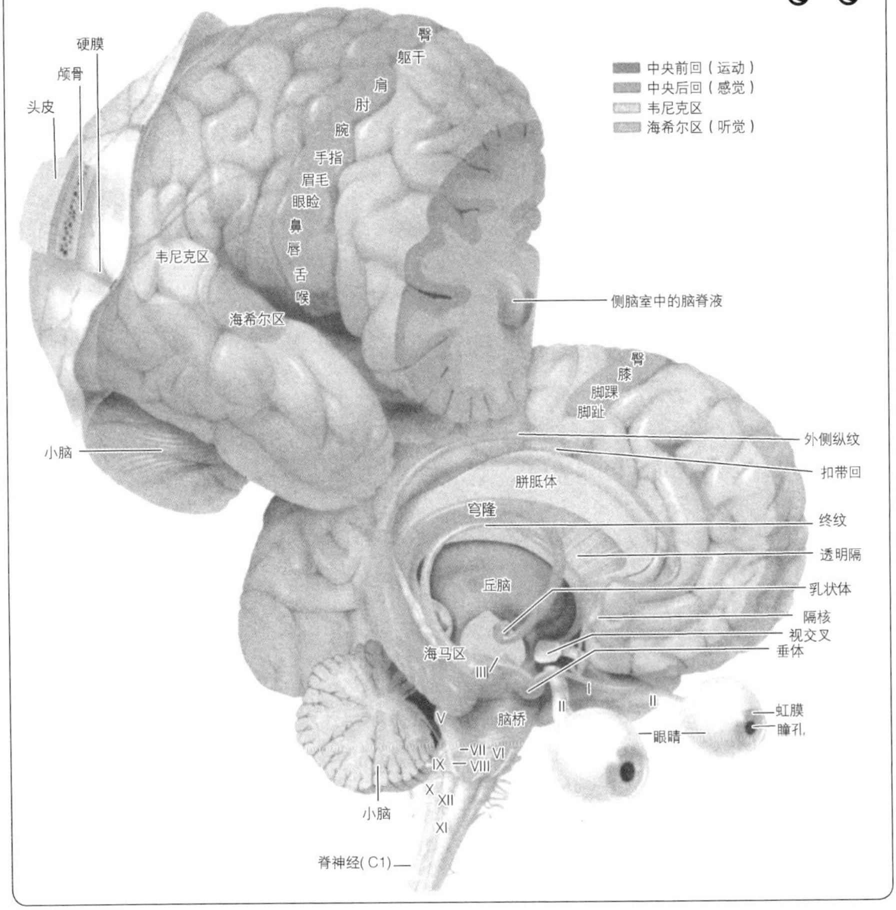

中央前回（运动）
中央后回（感觉）
韦尼克区
海希尔区

硬膜
颅骨
头皮

臀
躯干
肩
肘
腕
手指
眉毛
眼睑
鼻
唇
舌
喉

韦尼克区

海希尔区

小脑

侧脑室中的脑脊液

臀
膝
脚踝
脚趾

外侧纵纹
扣带回

胼胝体

穹隆

终纹
透明隔
乳状体
隔核
视交叉
垂体

丘脑

海马区

Ⅲ

Ⅴ
脑桥
Ⅶ Ⅵ
Ⅶ Ⅷ
Ⅸ
Ⅹ Ⅻ
Ⅺ

Ⅱ
Ⅱ

眼睛

虹膜
瞳孔

小脑

脊神经（C1）

大脑的不同区域有着不同的功能。［图片来源：拉菲艺术图片库（LifeArt）］

大脑皮层下

什么是边缘系统?

边缘系统掌管人类的情绪。1937年，詹姆斯·帕佩兹（James Papez）首次提出边缘系统,并用这个术语专指大脑中部的一组结构。最初的边缘系统(也称帕佩兹环)包括海马区、穹隆、乳状体、丘脑及扣带回。后来随着研究的进一步发展,虽然边缘系统尚未有统一的定义,但区域却比以前扩大了。本书中提到的边缘系统包括杏仁体、海马区、下丘脑、隔核及扣带回,这些区域均与情绪和动机处理有关。

▶ "杏仁体"这个词从何而来?

杏仁体指的是大脑中部一个很小的杏仁状结构。由于它是椭圆形的,这部分结构就根据希腊语中"杏仁"这个词来命名。

▶ 杏仁体和下丘脑有什么作用?

杏仁体是对环境中情绪信号的最早应答器,对恐惧刺激的反应尤其敏感。杏仁体激活下丘脑,下丘脑通过控制激素的分泌来激活植物神经系统。植物神经系统可以调节情绪的生理成分。例如,当你看到一只凶猛的狗咬断了拴住自己的皮带正向你扑来,你的杏仁体会立即对此做出反应,向下丘脑传递信息,下丘脑又会激活植物神经系统。这时你会因恐惧而出现心跳加速、掌心出汗、喘息等与恐惧有关的反应。

▶ 海马区有什么作用?

海马区位于颞叶内侧,形状像毛毛虫,主管人类的记忆。早期的大脑解剖学家认为这一区域形状像海马,因此就以希腊语"海马"(希腊语中"hippo"是"马"的意思)命名。实际上,海马区本身并不处理有关情绪的信息,它只是临近其他边缘组织并携带与情绪有关的重要事件的记忆。因此,我们所说的"情绪唤醒"在很大程度上取决于我们对相似经历的记忆。

▶ 其他边缘组织有什么作用?

隔核是一个很小的区域,其中一个功能是体验快乐。扣带回是围绕在无数皮层下区域的带状结构,主要负责注意力、情绪和认知功能。更具体地说,扣带

回负责决策。

▶ 大脑的分区有哪些以及相关功能是什么？

大脑分区	主要功能
皮层或新皮层	*知觉、行为、认知*
额 叶	意向行为和执行功能
顶 叶	触觉、味觉、空间信息处理、注意力
颞 叶	听觉、语言、记忆、物体识别
枕 叶	视觉信息处理
边缘系统	*情绪和动机*
杏仁体	情绪反应
扣带回	情绪、注意力、认知
下丘脑	协调心理、生理过程
海马区	记忆
基底节	*自动行为序列*
（苍白球,壳核,尾状核）	
脑 干	*基本生理过程: 消化、呼吸、心功能*
（脑桥,延髓）	
小 脑	*运动协调及平衡*

▶ 什么是基底节？

基底节主要负责行为和运动。基底节由脑部的几个区域组成,包括壳核、苍白球和尾状核。这部分是大脑进化过程中较早出现的组织,负责处理一些无意识行为。我们学习一种新的行为序列（如骑自行车）之初,全神贯注学习时额叶起控制作用。在我们已经学习了这种行为、动作变得熟练之后,基底节起主要控制作用。基底节受到损伤会在很大程度上破坏运动行为,如帕金森症（Parkinson's disease）、亨廷顿病（Huntington's disease）等神经性疾病中出现的症状。

▶ 脑干的作用是什么?

脑干是大脑中最古老、最原始的部分,主要用来调节基本的生理功能,如呼吸、体温调节、睡眠—觉醒周期和心功能。脑干在大脑进化过程中是比较保守的部分,因此不同物种之间区别不大。

▶ 什么是三位一体大脑模型?

1964年保罗·D.麦克莱恩(Paul D. Mac-Lean, 1913—2007)把大脑分成三个区,爬行动物脑、古哺乳类脑和新哺乳类脑。他认为这三个区域分别对应不同时期大脑的进化状态。新哺乳类脑指的是新皮层,包括额叶和大部分皮层区,在新近演化产生的高级哺乳动物(如灵长类)中最为发达。古哺乳类脑包括边缘系统,存在于所有哺乳动物的大脑中。爬行动物脑是由脑干和小脑组成,是某些原始物种(如爬行动物)大脑中最古老的部分。尽管麦克莱恩的这个模型因过于简单而招来一片非议,但它的确为非专业人士勾勒出一幅大脑的简图。

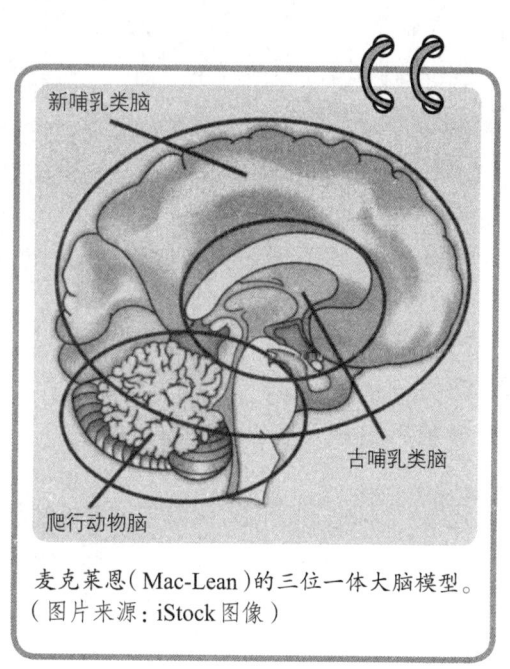

麦克莱恩(Mac-Lean)的三位一体大脑模型。(图片来源:iStock 图像)

神 经 元

▶ 什么是神经元?

神经元是指脑细胞,即大脑组成的基本构件。整个大脑实际上就是由相互

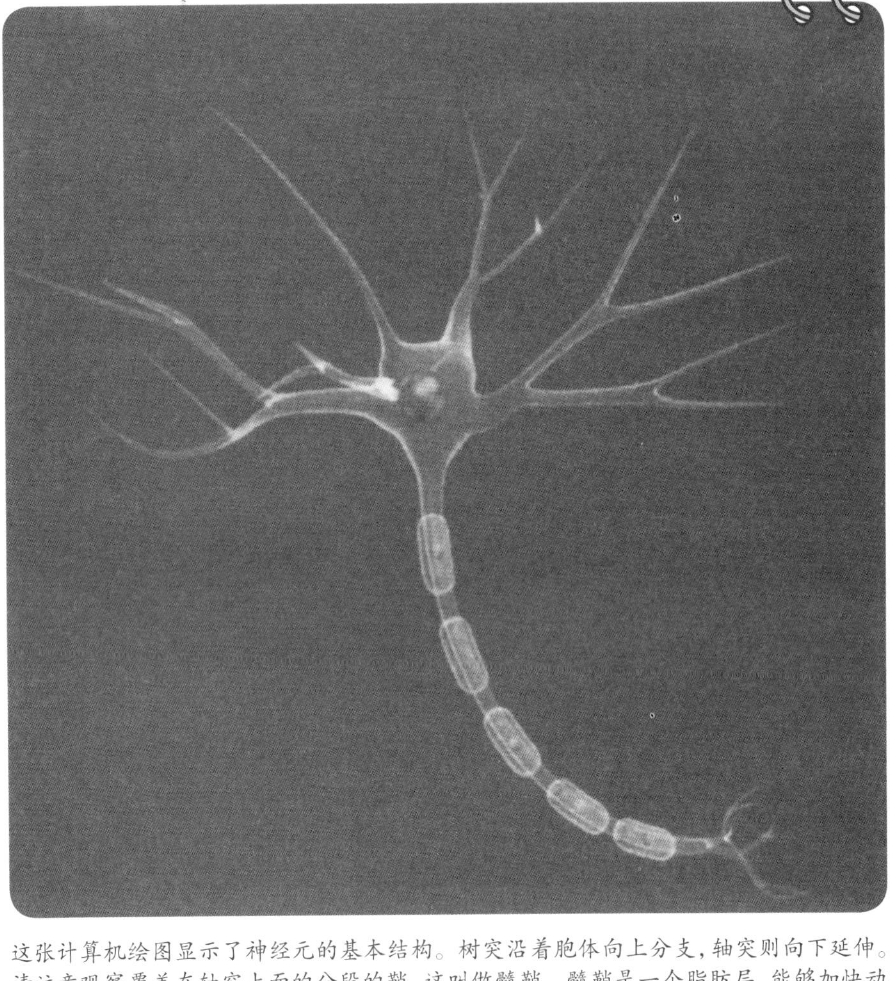

这张计算机绘图显示了神经元的基本结构。树突沿着胞体向上分支，轴突则向下延伸。请注意观察覆盖在轴突上面的分段的鞘，这叫做髓鞘。髓鞘是一个脂肪层，能够加快动作电位在轴突中的传输速度。另外，轴突尾部的分支就是轴突末梢。（图片来源：iStock 图像）

联结、相互作用的神经元构成的巨大网络。人类大脑中约有 1 000 亿个神经元、几千亿个维持神经元功能的神经胶质细胞和其他小细胞。一个神经元由胞体、轴突和多个树突构成。

▶ 脑细胞的信息输入和输出通道在哪里？

脑细胞既有信息输入通道也有信息输出通道。树突是指从胞体发出的树状突起，是脑细胞的输入通道，它能够将从其他神经元轴突接收的信息传入胞体。轴突是脑细胞的输出通道，能够把胞体中的信息传至其他神经元。轴突可能很长，甚至能从大脑延至脊柱底部。虽然有些神经元的轴突会分成两支，但大部分的神经元只有一个轴突。轴突尾部的许多分支称作轴突末梢，一个轴突可能有上千个末梢。大多数轴突末梢与其他细胞的树突相连，这也就使得一个正常的大脑中会有万亿个神经元联系。

▶ 什么是突触？

突触指的是一个细胞的树突与另一个细胞的轴突末梢的接触点。神经元利用叫做神经递质的化学信使在突触间传递信息。发送信息的神经元叫突触前神经元，而接收信息的叫突触后神经元，其间的窄缝称作突触间隙。

▶ 什么是神经递质？神经递质的作用是什么？

神经递质是神经元之间彼此传递信息的化学信使。轴突与另一细胞的树突在突触相遇，神经递质会被释放到突触间隙中。神经递质有兴奋性的，也有抑制性的，两者均能改变突触后神经元的电荷。

▶ 神经元是如何传递信息的？

神经元传递信息时会将电脉冲沿着轴突发送至轴突末梢。兴奋性神经递质比抑制性神经递质更容易使突触后神经元放电。每个神经细胞从其众

多突触中获取兴奋性或抑制性的信息输入。当输入的信息总量达到一个临界值时,神经元通过轴突传输电脉冲,这个过程叫动作电位。动作电位传送到轴突尾部时,轴突末梢释放神经介质,刺激或抑制下一个神经元的动作电位发生。这样神经元之间的彼此联络只需要很短的时间。动作电位的传输速度一般为每秒50米,每1/500毫秒传输一次。

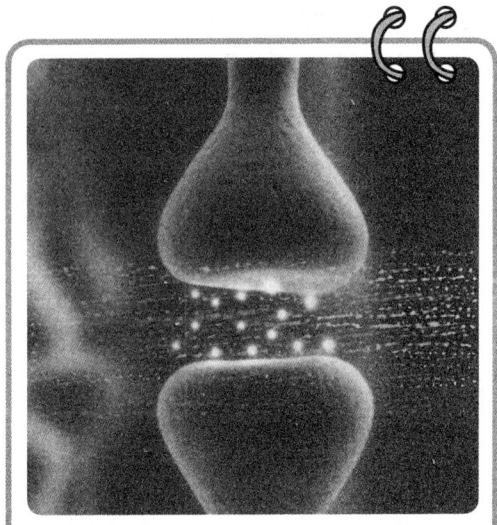

图片中显示的是突触前、后神经元和突触缝隙。图中的亮点是被释放到突触缝隙中的神经递质。(图片来源:iStock 图像)

◉ 白质和灰质有何区别?

轴突外面包裹着称作髓鞘的脂肪层,用来加快动作电位沿轴突的传输速度。髓鞘从外观上看是白色的,因此由髓鞘纤维构成的脑组织叫做白质。与此相对的是灰质,指的是树突和胞体(还有胶质细胞和毛细血管)。大脑皮层的表面就是由灰质构成的。

大脑的进化

不断进化的人类大脑

◉ 人类大脑在进化中是如何变化的?

因为我们是通过进化论这面透镜来看大脑的发展变化,因此考察人类大脑的进化过程十分必要。通过人脑和动物大脑的对比研究,我们可以做出一些关于人脑的推断。首先,人脑的大小相对于人体的比例来说大得多。相反,进化史上比较古老的和比较原始的动物的大脑与身体相比,却小得不成比例。比如恐龙的身躯非常庞大,可大脑却很小。实际上,人类与和自己最相似的动物黑猩猩相比,身体大不了多少,但大脑尺寸却是黑猩猩大脑的3倍。其次,人脑的结构相当复杂。智力更大程度上取决于大脑神经细胞网络的复杂性,而不是大脑的大小。几十亿的神经元形成了彼此间几万亿的联结。然而,大脑的大小和复杂性的确是相辅相成的。

▶ 与其他动物相比人脑皮层是怎样变大的?

人脑在进化过程中另一个显著的变化是大脑皮层的增长。构成人脑外层的新皮层(其本身由6层组成),仅在哺乳动物脑中存在。原始皮层在小型哺乳动物——如野兔、负鼠、犰狳等——的大脑中很常见,而更高一级的哺乳动物如狗、大象、海豚的大脑皮层更为发达。人脑中的皮层则包裹了整个大脑。皮层能够处理十分复杂的感觉信息(如视觉、听觉、触觉),还能够对内、外刺激做出灵活的行为反应。

▶ 不同的脑区是否会有冗余的功能?

在某些情况下,大脑皮层和皮层下区会有一些冗余或部分重叠功能。例如,额叶和基底节都可以调节运动行为,但基底节控制的行为不够细致和灵活。虽然基底节反应快、效率高,但不易适应变化的环境;而额叶控制的行为更细腻、更灵活,并能随环境而变化。额叶通常反应速度较慢,也需要消耗更多的能量。我们行走在人行道上时,主要依靠基底节调控行为,而在做手术或拆除炸弹时却要依靠额叶调控动作。所以基底节和额叶各司其职。

▶ 额叶在人类进化中增大了吗?

在人类进化过程中脑组织变化最大的就是额叶。许多小型哺乳动物大脑中的额叶很小,如树鼩、刺猬等。即使在猫、狗等高级哺乳动物的大脑中,额叶仍要比人脑额叶小,而且脑回也少很多。就像前面提到的,皮层上的脑回会增加其表面积,从而使树突更有扩展空间。因此,人类具有世界上最复杂、最精密的认知能力。这也并不是说其他动物没有思维——黑猩猩会利用工具解决难题,大猩

猩能够学会一些雏形语言。然而，据我们所知，还没有什么物种能真正达到人类的智力水平。

▶ 在人类进化过程中嗅球发生了什么变化？

人脑与其他哺乳动物相比，一个最显著的区别就是大脑中负责嗅觉的嗅球的大小。嗅球在鱼这样的原始脊椎动物中早就存在了，许多哺乳动物的嗅球是大脑中的主要部分。而人脑中的嗅球仅仅是一个很小的球体，夹在边缘系统和额叶底部之间。这种区别表明人类对嗅觉的依赖程度较低，而更多是依靠大脑皮层掌控的其他功能，如视觉、听觉、分析性思维来做出判断。

原始人类的大脑

▶ 人类是何时从早期的原始人类进化而来的？

大约在400万—500万年前，一个共同的原始祖先分化成了人类的祖先和黑猩猩。南方古猿是原始人类的早期形式，随后是人属的出现，其中包括能人、直立人、智人尼安特人，还有现代人。现代人（智人中的智人）出现于大约10万—30万年前。

▶ 我们怎样比较人脑和那些已经灭绝的物种的大脑？

脑部软组织会很快分解掉，因此我们不能期望原始人类的大脑在历经了几十万年甚至几百万年后还会有大量的证据留存下来。古生物学家只能利用头骨和其他骨骼碎片来推测早期人科动物的生活和行为规律。况且，除了原始人类的骨骼残骸之外，还有一些原始工具、动物骨骼、化石种子和早期现代人留下的岩洞壁画，它们都为研究人类祖先的大脑提供了十分有趣的线索。

▶ 从人科动物起人类大脑的大小是如何变化的？

以立方厘米计算，原始人类的头骨在进化过程中呈现不断增大的趋势。

从头骨的大小和形状来估计，能人的脑容量为 600 —700 cm^3，直立人的脑容量为 900 —1 000 cm^3，现代人的脑容量为 1 400 cm^3。古生物学家发现，随着脑容量的增加，原始人类遗留下来的工具也变得更加复杂了。显然，较大的脑容量意味着会使用更复杂的工具。除此之外，脑容量变大也使原始人类能更好地适应多变甚至是恶劣的环境。

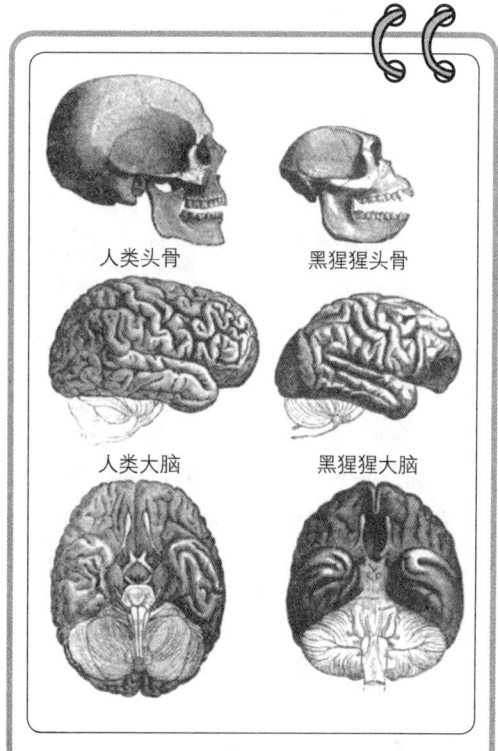

黑猩猩的大脑和头骨与人类的大脑和头骨的对比。黑猩猩是基因上最接近人类的动物。（图片来源：iStock 图像）

▶ 额叶增大了吗？

随着头骨变大，头骨的形状改变也意味着大脑在增大，其中最明显的是额叶部分。南方古猿的头骨与猿的头骨区别不大，都拥有突出的下颚、稍微后倾的额头和较小的头骨。与此相比，现代人的脸部较平、额头竖直、下颚狭小。我们的额头，正好位于额叶的前部，占脸部的一半。额头形状的变化也增大了脑容量。

▶ 原始人类头骨中有语言的迹象吗？

能人头骨（能人出现在距今大约200万年前）内部的凹陷证明布罗卡区变大了，而布罗卡区是现代人大脑中负责言语产生的中心区域。虽然我们无法确定能人大脑中这一区域是否与语言相关，但我们可以据此判断，在早期原始人类的大脑中就已经出现了掌管现代语言区域的雏形。

▶ "幼态延续"是什么意思?

　　成年动物仍然保有幼年动物的特征,这个进化发展过程就是"幼态延续"。动物通过基因变异来改变身体特征的一个简单方法就是调整成熟的时间。到达成熟期时,动物仍会保留幼年时的特征,而不是将这些特征统统抛弃,即不会有新的身体结构或行为方式出现。有证据表明,人类进化过程中的许多发展都与幼态延续有关。例如,人类是哺乳动物中为数不多的在整个成年期仍保持嬉闹特性的几种动物之一。另外,我们的头骨形状与未成年猿的头骨相似。与成年黑猩猩相比,未成年黑猩猩的头骨与成年人的头骨更为接近。成年黑猩猩的头骨前额后倾、下颚突出,面部特征呈水平线排列;而成年人类前额高、下颚小、脸扁平,面部特征呈竖直排列,这些特征与未成年的黑猩猩都很相似。值得注意的是,未成年黑猩猩的大脑与头骨的比例要大于成年黑猩猩,而人类从未成年到成年都保持了这种较高的大脑与头骨比例。

▶ "个体的发生史重复种系的发生史"是什么意思?

　　这是19世纪德国的动物学家恩斯特·海克尔(Ernst Haeckel, 1834—1919)提出的观点,他认为个体的成长过程反映了物种的进化过程。"种系发生"是指物种的进化过程,"个体发生"是指个体一生中的发展变化。海克尔认为,人类胚胎发育的每个阶段都恰好对应着人类进化的各个阶段。海克尔除了对于人类进化有错误的认识之外,他的理论也过度简化了胚胎发育过程。尽管海克尔的理论遭到质疑,但其中至少有一点是正确的,即个体成熟与物种进化是有相似性的。仔细研究一个人一生的成长过程,的确有助于人们研究人类的进化历史。

子宫中的大脑

▶ 大脑在子宫中是如何发育的?

　　所有脊椎动物的生命孕育都是相同的。在发育的早期阶段,胚胎是一个扁平的盘状物,由外胚层、中胚层和内胚层构成。后来,由于某些部分的细胞分裂得比邻近部位的快，这就造成细胞层开始卷起，胚胎变得弯曲，身体各器官也开始发育。最初的外胚层细胞会卷曲成神经管，大脑和脊柱神经也由此发育出来。

胚胎经历了最初的细胞急速分裂之后，会产生一些分裂期后细胞，即这些细胞不再继续分裂了，而是开始了它们向目的地迁移的神奇旅程。它们的迁移要靠分子和细胞的引导。当这些细胞到达适当的位置后，就会建立起神经联络，细胞上的轴突会延伸出来，与其他细胞建立突触联系。分裂期后细胞的迁移过程中也有化学信号的指引。神经细胞之间特定的突触联系部分是在孕期由基因控制的，出生后还会继续完善、细化，这在很大程度上要依靠后天的经历。

▶ 神经管是什么？

神经管是一个很长的管状物，由初期盘状胚胎的外胚层细胞发育而成。神经管顶部的3个突起构成了不同的区域：前脑、中脑和后脑。

神经管及其发育成的相应大脑区域

神 经 管		大 脑
后 脑	后 脑	脑 桥
		小 脑
	末 脑	延 髓
中 脑	顶 盖	下 丘
		上 丘
	大脑脚	各种神经递质
		胞 体
前 脑	间 脑	下丘脑
		丘 脑
		丘脑其他区域
	端 脑	新皮层

（续表）

神 经 管		大 脑
		边缘系统
		基底节
		脑白质

▶ 后脑演变成了什么?

后脑分化成了后脑和末脑,这两部分又继续演变成小脑、脑桥和延髓。脑桥和延髓构成脑干,再加上小脑,就构成了保罗·D.麦克莱恩三位一体大脑模型中的爬行动物脑部分。

▶ 中脑演变成了什么?

中脑分化成顶盖和大脑脚,它们位于脑干上方的大脑深处。在爬行类、鱼类、两栖类这些原始脊椎动物的大脑中,顶盖是主要的视觉信息处理中心。而在灵长类动物大脑中,顶盖的作用十分有限,大部分的视觉信息是由新皮层处理的。灵长类动物的脑盖控制眼睛运动。大脑脚包括几个区域,这些区域中的神经元能够产生重要的神经递质,如黑质是脑内合成多巴胺的主要来源。

▶ 前脑演变成了什么?

前脑是演变进化中最晚出现的脑组织,这部分脑组织掌管思维。前脑演变为间脑和端脑。在麦克莱恩大脑模型中,前脑包括古哺乳类脑和新哺乳类脑。

▶ 间脑演变成了什么?

间脑发育成了丘脑、下丘脑和几个相关的区域。丘脑是感觉中继站,负责联络感觉器官和相应的皮层区域。但嗅觉是唯一不经过丘脑的感觉通道，嗅觉信息由大脑中的嗅球直接处理。下丘脑连接大脑和植物神经系统，在情绪处理上起重要作用，负责将情绪的心理因素与身体上的行为反应联系起来。

▶ 端脑演变成了什么?

端脑包含有大脑中最高级的部分。虽然在所有的脊椎动物中皆有端脑，但鸟类和哺乳类动物中端脑最为发达。在人类大脑中，端脑演变成了大脑皮层、边缘系统、基底节和白质区。大脑皮层包括新皮层的4个叶，还有皮层内侧直接联系皮层下区域的部分。这些部分是扣带回、海马区、海马旁回和夹在颞、额、顶皮层之间的岛叶。另外，基底节、杏仁体和隔核也是由端脑演变成的。脑白质则是由穿行于大脑大部分区域的轴突组成。由端脑演变成的重要的脑白质结构有前连合、内囊和胼胝体。

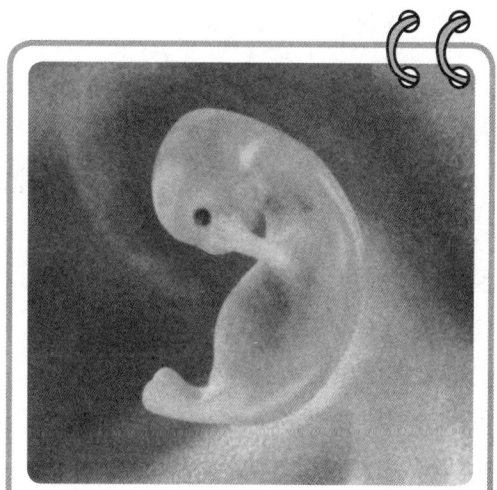

令人惊奇的是，胚胎发育中脑细胞要经历那样非凡的演变过程，但大多数婴儿出生时却未出现脑损伤状况。(图片来源：iStock 图像)

▶ 在胚胎发育过程中脑损伤会造成什么影响?

由于人脑这么复杂精密的组织结构是由最初的简单细胞群发育而成，所以神经发育早期的任何差错都会导致胎儿的严重缺陷。比如说，神经管缺陷会造成脊柱裂。实际上，孕期前3个月如胚胎发育有严重问题会导致流产，而80%的流产都出现在孕期的前3个月。一想到大脑从孕育到成熟要经历漫长的过程，而大多数人在出生时都大脑健康，这是相当令人惊奇的。

"大脑是可塑的"是什么意思？

大脑的可塑性指的是大脑随经验而变化的能力。由于大脑的发育成熟依赖于人的经验，因此我们说大脑是可塑的。实际上，人类大脑的发育比其他任何物种都更依赖于经验，这表明人类学习的能力在进化中起了重要作用。

童年时期的大脑

▶ 童年时期的大脑是如何变化的？

人类出生时大脑大约重350克，成年人大脑大约重1 450克，成长期间大脑重量的增加主要是由树突的增长引起的。人类出生时大脑已经具备了基本的组织结构，但是神经元之间的联系还没有完全建立起来。

▶ 大脑发育如何依赖于我们的经历？

神经元之间的突触联结很大程度上取决于人们的经历。换句话说，神经元放电会极大地影响突触联结的产生和加强。当我们的大脑对环境做出反应时——无论是感觉的、知觉的、情绪的，还是运动的反应——我们都将激活相关区域的脑电路并促使其中所有的神经元放电。这种激活过程会加强突触间的联结。也可以这样说，"一起激发的神经元，会串联在一起。"

▶ 突触是如何形成或加强的？

突触发生要经历许多步骤。新形成的树突使神经元树突分支变粗，当这些树突分支与其他神经元轴突末梢接触时就会形成新的突触。另外，突触后神经元上新的受体部位的产生也会巩固已经存在的突触。新形成的受体部位能增加对于释放到突触缝隙中神经递质的敏感性。

怎样才能保持大脑健康？

很多研究都发现了一些保持大脑健康的方法。随着美国人寿命的延长，这一研究变得异常重要。实际上，到20世纪，美国人的平均寿命增加了32岁。因此，在未来的10年里，会有更多人的寿命达到70岁、80岁、90岁。保持大脑健康的方法有很多，健康的生活方式能减少心血管疾病的发生，而心血管疾病是造成痴呆的罪魁祸首。摄取有营养的食物，有规律地锻炼身体，避免过度吸烟、饮酒和过度肥胖，对于保持大脑健康都十分重要。其中，体育锻炼尤为重要，锻炼能够促进脑部血液循环，保护老年人的认知能力。

此外，心理健康也很重要。情绪低落、压力过大都会使大脑负担过重，而适当的精神刺激是有益的。这些因素都是共同起作用的。经常思考、参与正常社交活动的人更易于精神愉悦、身体健康。另外，人们不应该等到退休以后才开始这些保持健康的行为，在年轻时就要逐渐养成良好的生活习惯，这对于保持大脑健康十分重要。无论何时，我们的大脑都会反映出我们的生活经历。

什么是修剪？

个体的自身经历主要从两个方面影响大脑发育。突触的激活能够加强突触联络，但如果缺乏刺激，这些突触联络就会逐渐消失。未使用的突触联结的萎缩就叫做"修剪"。简言之，大脑奉行的是"使用或者失去"的原则。例如，刚出生的婴儿具有识别世界上所有语言的所有发音的能力，但当接触到母语后，母语中的发音会刺激相应的神经元突触，这些突触联结得到加强，而与其他语言发音相

关的突触则减弱了。最终，幼儿的大脑被设定为仅对母语做出反应。尽管儿童在整个童年时期都具有很强的学习新语言的能力，但对于新语言的感受性却会随着年龄的增加而减少。

▶ 什么是关键期？

一生中大脑并非保持着均衡的可塑性，在有些关键时期，大脑发育得最快。突触生长的顶峰时期是出生后的前2年，但在出生后的10年里突触发生都会以较快的速度持续进行。设想一下婴儿在出生后的头2年中学会很多东西——走路、说话、拿东西、开始了解社会，我们对于"这一时期是大脑发育顶峰"的说法就不会感到吃惊了。儿童在10岁以前可以学会很多东西：骑自行车、遵守社会规则、读书、写字等。这些技能如果在童年以后才学习的话，则要困难得多。

▶ 如果在关键期没有学习，会发生什么？

学习活动在10岁以后也可以进行，人类形成新记忆的能力持续终生。然而，在关键期形成的大脑神经网络相当保守，很难改变。10岁以前的儿童学习一门新语言很轻松，而他们的父母要进行同样的学习则相对困难。在移民家庭里情况正是如此，孩子学习新语言的能力要远远超过父母。

▶ 髓鞘形成起什么作用？

髓鞘是覆盖在轴突纤维外面的脂肪层，起绝缘作用。髓鞘形成能加快动作电位沿轴突的传输速度。出生时轴突纤维的髓鞘形成尚未发育完全，在童年时期髓鞘形成会持续进行，而额叶的髓鞘形成要到30岁才能完成。

▶ 大脑发育中额叶是如何变化的？

额叶是大脑中成熟最晚的几个区域之一。实际上，额叶要到25岁左右才能完成突触形成和髓鞘形成。就这一点而言，个体发育的确再现了种系发生史，额叶无论是从大脑发育的时间来看，还是从大脑进化过程来看都是出现得较晚的部分。这与我们对于儿童和成年人的智力水平、社会判断能力的观察是一致的。人的身体协调能力和语言能力在成年时都已经完全成熟了，而社会判断能力和抽象思维能力则需要很长的时间才能成熟起来。

▶ 成长发育过程中大脑是如何变得复杂的？

随着新的突触的产生，大脑的神经网络联系得更加紧密。成熟的大脑中上万亿的突触构成了一个神奇又复杂的神经网络，复杂的神经网络使人类具有较高的智力水平和精密的思维能力。虽然儿童比成年人更易于接受和记忆新信息，但成年人则更善于处理复杂

大脑和其他人体器官一样会衰老，但人们可以通过种种努力使身体和大脑长时间保持健康。（图片来源：iStock 图像）

的信息。因此，儿童的大脑可以称作"小海绵"，而成年人的大脑对他们周围事物的理解更深刻。

▶ 个体一生中大脑会发生什么变化？

个体经历在一生中都会影响大脑的发育，但在成年期大脑的改变较之儿童期和婴儿期更细微化。虽说如此，你对某种行为、思维、感觉经历得越多，相关的大脑回路就越得到加强，而大脑中没有得到加强的回路将衰退。就这一点来看，正好应验了"使用或者失去"的说法，在个体的一生中大脑始终都遵循着这一规律。当然，大脑中童年时期就已经形成的核心回路具有保守性，很

难改变。这也可以说明为什么早期的学习和情绪经历对成年后的行为有着深远的影响。

衰老的大脑

▶ 大脑是如何衰老的?

一个令人遗憾的事实,就是衰老会使身体大多数器官的功能逐渐地衰退,大脑当然也不例外。年老时神经元网络处理信息的速度、灵活性和效率总体会降低,大脑的许多部分将会萎缩。然而,这些情况也并非无药可救,有许多方法可以保持大脑的健康。

▶ 什么是大脑皮层萎缩?

大脑皮层萎缩指的是随着年龄增加新皮层不断缩小。脑回变小,脑沟和脑室(充满脑脊液的腔隙)扩大。80岁时,男女的大脑重量都会减少17%。

▶ 脑细胞会死吗?

脑细胞的寿命似乎是有限的,一生中随时都有脑细胞死亡。然而,衰老或神经再生会加剧神经元死亡,并使新的神经元生成降低。

▶ 树突会发生什么变化?

关于大脑衰老的另一个发现就是树突分支变得稀疏,这也许就能解释脑灰质萎缩的原因。树突变少意味着彼此联络的神经元突触减少,大脑的反应速度和处理效率也相应降低了。

▶ 大脑衰老对心理功能有什么影响？

脑容量和脑密度的降低无疑会影响老年人的认知功能。老年人的许多方面都会发生变化，大脑信息处理速度、工作记忆力、精神运动速度都会降低，也不易记住新信息。但是，即使人到了晚年，许多重要的认知功能也不会发生变化。大脑虽然在信息处理速度、原始数据处理上有所减慢，但认知记忆、语言能力、概念能力和综合智商会在相当长的时间里保持稳定。

▶ 晶态智力和液态智力有何区别？

心理学家把智力区别为晶态智力和液态智力，晶态智力即使到了老年也会稳定不变，液态智力则随着年龄的增长而退化。晶态智力指的是言语技能、概念能力、知识积累；液态智力指的是即时信息的处理技能，如信息处理速度、一次可以处理的信息量、记住新信息的能力等。

▶ 上了年纪的大脑有什么优势？

虽然从中年起人类大脑处理信息的速度和记忆效率都有所降低，但随着年龄的增长，大脑在有些方面也会有所改进。到了七八十岁时，人一生的经历都会载入大脑神经网络。长时间的突触加强意味着大脑的不同区域之间的联络更畅通，彼此能更好地融合在一起。大脑的这种变化能使老年人更全面地了解人们所生活的世界。此外，皮层对边缘系统反应的控制得到了增强，使人们对于情绪能做出更理智的反应。我们知道，人的冲动、暴力、鲁莽倾向都随着年龄的增长而减少。当选拔领导岗位人员时，人们也很看重年龄和生活经历。但是如果到了90岁或100岁时，老年人的这些优势也会由于脑组织的退化而消失，这时的老年人独立生活能力十分有限。但也有少数人即使到了90岁仍然能保持健康有活力的状态。

▶ 大脑能再生吗？

在很长一段时间里，人们认为人类出生后就不会有新的神经元产生了，但越来越多的证据表明，事实并非如此。大脑的某些区域，如海马区（这个区域对

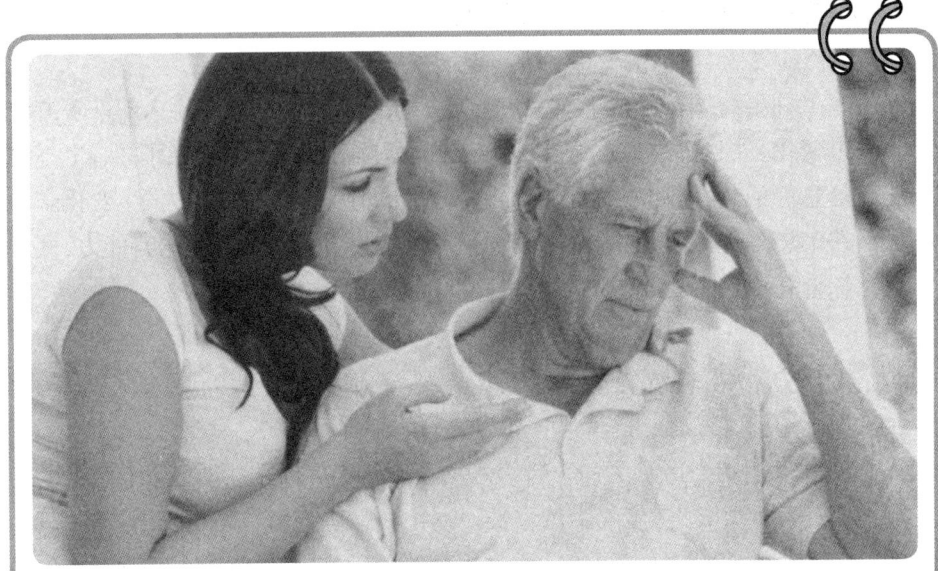

阿尔茨海默病在很多方面要比其他疾病更为可怕，因为该病会使患者失去记忆，丧失完成日常的简单任务的能力。(图片来源：iStock 图像)

于记忆形成非常重要)在整个成年期都能产生新的神经元。我们还了解到，树突分支和突触发育在一生中都可能出现。很多因素都能支持神经再生(新神经元产生)，如体育锻炼、合理饮食、适当的休息和放松、心理刺激等。某些抗抑郁的药物通过作用于叫做羟色胺的神经递质也能达到同样的效果。

▶ 什么是阿尔茨海默病？

阿尔茨海默病是一种老年性脑病，大脑中异常生长的神经纤维缠结和淀粉样蛋白斑块会破坏大脑的正常功能。这些异物首先出现在海马区，而海马区负责将短时记忆转化为长时记忆，因此阿尔茨海默病的主要特征是失去记忆。随着病情的发展，大脑的其他区域也将受到影响，人的空间定向、执行功能和语言功能等心理能力都将退化。阿尔茨海默病是一种痴呆症，指永久性失去认知能力的病症。该病虽然是一种常见的痴呆症，但却不是唯一的一种，血管性痴呆也能造成老年性认知能力下降。

从大脑到思维

▶ 关于大脑如何产生思维我们知道些什么？

大脑是一个极其错综复杂的神经元网络，1 000亿个神经元之间构成上万亿的联结，从而产生了思维。那么我们了解思维是怎样从大脑中产生的吗？答案既是肯定的也是否定的。关于思维活动的神经生物基质我们了解得越来越多，我们还知道进行各种思维活动时大脑的哪一部分是活跃的。但是有关联不等于有因果关系，两件事情同时发生并不意味着其中的一件事情促成了另一件事情的发生。数十亿个没有思维的脑细胞（或者说神经元）聚到一起却产生了意识，这个谜始终困扰着我们。

▶ 什么是感质？

感质这个概念与主观性有关——黄色怎么就是黄色，绿色怎么就是绿色？虽然我们已经了解到很多关于大脑如何处理光波的知识，但却仍然无法解释我们是如何"感知"黄色的。目前，许多神经学家认为应该把感质问题先放置一边。研究大脑不同的运转过程与各种心理活动的关联已经揭示了很多大脑与思维联系的秘密。下面就讲述一下关于大脑与思维的联系我们都知道些什么。

大脑是一个绘图师

▶ 大脑是如何起到绘图师的作用的？

大脑处理信息的一个重要方式就是为它所处的环境绘一幅图。从脑干

到皮层，大脑处理信息的方式就像一个细致的绘图师。大脑按照一定的步骤将信息上传，从较低等级、结构较为简单的区域上传至较高等级、结构更为复杂的区域。在每个步骤中，接收到信息的新区域都将绘制较低等级区域中神经元放电的模式，即重建该区域的神经元空间排列。这样，大脑就建立起一系列内部和外部实况的图像。这些图像作为指导行动的向导，帮助大脑调节身体的内部状态，对环境中的物体做出反应，还能对控制我们思想和情绪的神经模式做出回应。"绘图"又叫做"再现"，这个词在讨论大脑时经常使用。

▶ 绘图是什么意思？

如果某个系统的空间构成模仿了另一个系统，我们可以说第一个系统"绘制"了第二个系统。例如，当为了给来访者演示去你家的路时，你画了两条交叉的线条，这时你就是在为你住所周围的街路绘图。然而，大脑在绘图时不但考虑空间因素，还有时间因素，神经元放电模式的时间序列也被绘制在大脑中，这就好像是某个音符在整个交响乐中要重复好几次一样。

▶ 脑干作为绘图师都做些什么？

脑干既绘制来自外部的信息，也绘制来自身体内部的信息。源自皮肤、肌肉、骨骼系统、血管和内脏的神经都与脑干中的神经元相连，这些神经的放电模式在脑干神经元放电模式中都有镜像反应。这样，大脑能够再现身体内部的状态，并且这种情景再现会时时更新。一些声音或触摸等感觉信息也以原始感知状态被传入脑干。

▶ 额叶皮层绘制了什么？

由于额叶与大脑其他区域有着丰富的联系，额叶皮层会绘制大脑下部区域的活动。额叶通过协调众多大脑区域的信息来详细绘制体内外的实况。

感觉和知觉

▶ 感觉和知觉有何区别?

感觉是原始感觉信息的即刻反应,如光、图像、声波、触觉刺激等;知觉是下一个阶段,所有的原始信息被综合成更加复杂的图像。这些图像在记忆的帮助下与过去经历中相似的图像相联结,这样我们就可以把图像按照已知的情况分类,如家具、食品、动物等。当原始感觉信息转换成足够识别的一个完整形态时才会产生知觉。到了这个时刻,我们才能识别出落在我们视网膜上的光波模式实际上是一把椅子。因此,分析产生感觉——将信息分割成最小部分;综合产生知觉——把各部分协调成一个整体。

▶ 什么是盲视?

各种神经系统疾病为我们提供了大脑工作原理的线索。视觉失认症,也叫盲视,为大脑如何处理视觉信息提供了一些新的认识。视觉联合皮层受到损伤的人会变成我们传统意义上的"盲人",他们无法从视觉上识别任何物体。他们也会告诉别人自己什么都看不见。然而,如果在他们行走道路的前方放置一个巨大的物体,他们会绕过这个物体,但仍坚称自己什么也没看见。这种现象说明关于阻碍物的存在及位置的视觉刺激的确是传入大脑了。这种初级信息是在初级视觉皮层中处理的,但将视觉信息协调成一个连贯的、可识别的物体却要在联合皮层中进行。因此,联合皮层区域受到损伤将导致视觉失认症。视觉失认症实际上就是有感觉、没知觉。

▶ 大脑是如何处理感觉信息的?

我们的原始感觉信息来自外部的身体刺激,如光波、声波或是对皮肤的压力。这些信息由我们的感觉器官(如眼、耳、鼻、皮肤、舌头)收集并通过丘脑传递给初级感觉皮层。丘脑像是一个栅栏门,能够将它认为不重要的信息屏蔽,并将重要的信息传递下去。除了嗅觉之外,我们所有的感觉信息都是这样传递的。嗅觉信息越过丘脑和皮层直接传送到嗅球。初级视觉皮层位于枕叶,初级听觉皮层位于颞叶,初级感觉皮层(触觉和味觉)位于顶叶。初级感觉皮层也称作体感带。

▶ 初级感觉皮层能做什么?

初级感觉皮层区域负责记录最基本的感觉信息,如线条的方向、触摸的位置、声波的频率等。基本的感觉特征信息被传入联合皮层,然后综合成一个整体,由此感觉就变成了知觉。

▶ 大脑也处理来自体内的感觉信息吗?

我们不仅需要来自体外的感觉信息,同时也需要关于我们体内状态的感觉信息。我们是否感到眩晕,是否胃里不舒服,心脏是否跳得过快,这些信息不但关乎我们的身体健康状况,同时也显示了我们的情绪状况。我们的感觉有一部分是来自体内身体状态的感觉信息。实际上,整个肠胃系统布满了神经元——神经元数量很多,甚至有时我们称其为第二个大脑。脑干、体感带、岛叶(皮层内侧的一个区域)都参与了体内感觉信息的处理。

▶ 大脑是如何处理知觉信息的?

我们要知道大脑并不像照相机那样把外部实况简单地拍成图片,而是通过对周围环境的绘图重新构建自己的影像。初级感觉皮层中的神经元会对外部刺激的模式做出反应,如对水平线、垂直线和对角线,细胞都会放电做出反应。然后,信息会传送到联合皮层,不同细胞的放电模式在此会彼此协调而构成一个较宽泛的模式。最后信息被输送到与记忆、语言、情绪相关的大脑各区域,我们就能够明白信息的含义并识别、辨认出该物体。大脑就是用这种方法来构建对外部环境的解释，而这种解释与我们个人的经历密切相关。

什么是联合皮层以及它在知觉中的作用是什么？

联合皮层是大脑皮层区域的一部分，能够将基本的感觉信息单位综合成较大的模式，最终成为可识别的整体。视觉联合皮层位于枕叶，位于初级视觉皮层前面。听觉联合皮层位于颞叶，与初级听觉皮层相邻。触觉联合皮层紧邻顶叶皮层中的体感带，在大脑中称为S2区和S3区。

感觉信息在单峰（单一的感觉）联合皮层处理后被送入多峰联合皮层，从不同的感觉通道获取的信息在这里被协调统一处理。例如，一把椅子的视觉信息以及身体坐在上面的感觉和发出的声音被协调处理成一个统一的整体。同时，海马区和部分颞叶被激活，唤起了我们的记忆，我们将知觉放入记忆中搜寻对比，结果这个物体被我们识别为椅子。

即使是相同的事物，不同人的眼睛所看到的情况也不同。人们对于外部世界的感知是不一样的，因为人们所获取的视觉、听觉、触觉、嗅觉信息会受到个人的情绪、记忆和认知过程的影响。（图片来源：iStock 图像）

不同的人看待同一件事件的观点会一致吗？

前面提到过，大脑不是照相机，大脑依靠分析和综合感觉信息再现其所处环境的状况。每个人对任何已经发生的事件的感知都是唯一的，因此，人们关于同一件事的记忆都不相同。即使相同的感觉信息摆在两个不同的人面前，由于大脑记录的个体经历不同，每个人对于事件的感知肯定会因注意力、记忆、情绪

状态的差别而有所不同。而且，由于所处空间的位置差别，每个人对于某个事件精确的感觉信息永远不可能完全相同。上面提到的种种因素都会影响到人们关于这件事件的记忆。对同一事件的记忆不同这种情况在案件调查中最为明显，目击证人的证词往往因此而问题多多。

▶ 大脑是如何处理视觉信息的？

　　大脑的1/3用来处理视觉信息，由此可见视觉对于我们来说很重要。视觉信息处理始于视觉器官——眼睛。在眼球壁内层的视网膜上有大量的神经元，专门对光线做出放电反应，这些神经元称作视杆和视锥。视杆细胞对弱光下的环境做出反应，用来处理黑色、白色和灰色的视觉信息。视锥细胞对强光及颜色做出反应。视杆和视锥细胞的轴突与视网膜中其他细胞相联结，在这些联结点上会进行一些视觉信息的初级处理。视杆和视锥细胞还与神经节细胞相联结，神经节细胞的轴突像电缆中的电线一样集结成束，形成了视神经。

　　视神经位于视网膜后方，与大脑相连。对于右侧视野范围做出反应的神经节细胞与左侧大脑相连，而对于左侧视野范围做出反应的神经节细胞与右侧大脑相连。需要跨越到另一侧大脑的神经节轴突都要经过大脑中部的视交叉，然后这两束视神经与相应部分的丘脑相连。丘脑是感觉信息的看门人，它能根据大脑皮层的反馈放行某些信息，从而激活与皮层相连的神经元。同时，它也会屏蔽某些信息进入皮层。丘脑中的神经元把视觉信息送入枕叶的初级视觉皮层，也称为Ⅵ区或布洛德曼17区，在这里会对视觉信息的基本特征进行加工处理。初级视觉皮层中的神经元与联合皮层联结，而联合皮层会将这些基本视觉特征整合成一些更大的视觉模式。

▶ 大脑如何处理声音信息？

　　耳朵由外耳、中耳、内耳三部分组成。我们通常认为的耳朵部分叫做耳郭，耳郭与耳道构成外耳，耳道就是耳朵里面收集耳垢的长通道。耳道止于鼓膜，鼓膜是耳道末端展开的薄膜。中耳由三块敏感的小骨构成，它们能够将鼓膜上的声震动传递到螺旋状的耳蜗，耳蜗中的液体能够把声震动转换成神经冲动。耳蜗与感知平衡和运动的前庭共同构成内耳。耳郭收集声震动，然后通过耳道将

▶ 什么是面孔失认症？

　　一位老者因病入院治疗。医护人员很快发现，当他经过墙上挂着的图片时就会变得焦躁不安。这些图片镶在玻璃框架里面，他走过图片时就会在玻璃里面看到自己的影子，然后转过身大叫："走开！别总跟着我！"他也会哀怨地问护士："那个人为什么总跟着我？"

　　这位老者患上了面孔失认症，即无法识别面孔。这种奇怪的病症是由于大脑中的梭状回的功能障碍。梭状回是颞叶底部的多峰联合皮层区，能够将感知到的脸部信息综合成一个可识别的整体。如果这个区域受到损伤，人们所获得的视觉信息仅是脸的各个部分而不是面孔的整体。一些读者可能从奥利弗·萨克（Oliver Sack）的《错把妻子当帽子》（*The Man Who Mistook His Wife for a Hat*）这本书中对此病有所了解。

其传导至中耳，再由中耳内的小骨传至耳蜗。

　　充满了液体的耳蜗内排列着毛细胞，毛细胞是一种感觉神经元，能够对特定频率的声音做出反应。螺旋状耳蜗开始端的毛细胞负责记录高频率声音（来自高声调的声音），中部记录中等频率的声音，耳蜗螺旋尾部记录低频率声音。毛细胞将声音的信息送至脊神经，脊神经与脑干的多个区域相连。在脑干中，声音的节律和强度信息得到加工处理，然后听觉信息被传送到中脑下丘做进一步分析，下丘又与有过滤信息功能的丘脑相连。最终，听觉信息进入颞叶上、后部的初级听觉皮层（A1区）。另外，包括语言区在内的联合皮层也在附近。

▶ 为什么有人会听到不存在的声音呢？

　　精神分裂症和其他精神障碍症的一个最普遍的症状就是幻听，即听到外部根本不存在的声音。患者能听到有人对他们说话——有时是一个声音，有时是

很多声音。这些声音可能是对患者的行为进行评论，可能说些贬低的话，辱骂他，甚至是指导患者去做某事。

最典型的幻听症来自精神分裂症。研究人员发现，患者声称自己听到声音时，他的听觉皮层处于活跃状态。因此，尽管听觉信息不是来自耳朵，而是来自大脑内部，但患者的大脑的确是听到了声音。研究人员认为，幻听到的声音实际上是源于患者的思维，思维被转换成了一种内部言语，大脑听到的这种思维言语就好像是听到了真正的声音。

内部言语是一种正常现象，健康的大脑能够区分内部言语和实际言语。然而，精神病患者的大脑失去了这种辨别功能。一些抗精神病药物能够恢复大脑识别想象与现实的功能，但具体原因我们还不完全清楚。

▶ 大脑如何处理触觉信息？

相对于身体的其他感觉而言，感觉器官相对较小，想想耳朵、鼻子、眼睛的大小就清楚了。然而，处理触觉的感觉器官覆盖于整个身体。我们的皮肤上布满了不同的感受细胞，有的负责感觉压力变化，有的负责感知震动，有的负责感知疼痛，还有的负责温度感知。这些神经元将触觉信息传输至皮层，要途经脊髓、中脑、丘脑，是一段漫长的路程。负责处理触觉信息的初级感觉区域称作体感带（S1区），位于顶叶前部。身体皮肤各区域的神经元与体感带各区域存在对应关系，这种体感皮质定位可以称作体感小人（homunculus，该词在拉丁语中指"身材小的人"）。触觉联合皮质（如S2区、S3区）与S1区相邻。

▶ 大脑如何处理嗅觉信息？

嗅觉是由嗅觉系统负责处理的，嗅觉系统是进化史上的古老系统，可以追溯到千万年前。嗅觉系统对从空中飘送到鼻内的化学物质做出反应，鼻内的嗅觉受体细胞通过嗅神经和嗅球联系起来，嗅球是位于大脑两侧额叶下部的两个很小的脑组织。嗅神经由集结成束的轴突组成，从嗅球伸展到边缘系统的各个部分。边缘系统的神经元与丘脑、下丘脑、岛叶等皮层下区域相联结。因此，嗅觉信息不经过丘脑或皮层的过滤，而是由嗅神经直接将其传送至大脑情绪中心。嗅球在进化史上比较古老、结构比较简单的生物中起较大的作用，而在像灵长类这种在进化史上比较年轻、结构更为复杂的动物中，嗅球的作用则很有限。

▶ 大脑如何处理味觉信息？

我们关于味觉的个人感觉实际上是由味觉和嗅觉共同构成的。如果切断嗅神经，在嗅觉不起作用的情况下，对于食物味道的判断能力也将大大降低。这时，能够尝到的味觉只有甜、苦、咸、酸。最近有证据表明还有被称作"鲜味"（umami）的第五种味觉，这是个日语词汇，意思是

动物（比如说狗）的嗅觉比人类要灵敏得多，因为人类的嗅球相对较小，能够处理的嗅觉信息量较少。（图片来源：iStock 图像）

"美味的"、"薄荷味的"、"肉味的"。第五种味觉也许就是味精的味道，味精是东亚菜肴里面广泛使用的一种食品添加剂。

这五种味觉都有存在的必要性。甜、鲜、咸味分别能帮助我们摄入碳水化合物、蛋白质和盐。极苦或极酸提示我们食物可能变质或有毒。放入嘴中食物的味道是由味蕾感觉到的，味蕾是舌头表面的小突起。从某种程度上说，味蕾对不同味觉的感知是有分工的，但一般都能感觉到多于一种的味道（如既咸又甜）。味蕾将味觉信息送到颅神经，颅神经与脑干相连，脑干又与丘脑中的神经元相连，然后这些神经元延伸至体感带中掌管舌头的区域。

运动行为与意向运动

▶ 大脑是如何产生运动行为的？

运动行为，即身体做出的动作，是大脑输入/输出系统的输出端。感觉/知

觉是信息输入，我们的行为则是输出。我们的身体行为多种多样，可能是简单的反射性动作，也可能是有目的、有计划的复杂动作。

▶ 自主运动和不自主运动的区别是什么？

自主运动指由意识控制的运动，例如走路、站立、举起胳膊、穿衣服、摇头等。不自主运动指不受意识控制的运动，或是没有意识到的、自动发生的行为，如呼吸、心跳、姿势、运动协调等。

▶ 大脑如何控制不自主运动？

自主运动与不自主运动涉及不同的神经元。不自主运动主要是由叫做椎体外束神经元的脑细胞控制的，它们将来自小脑和内耳的信息与脑干联系起来。小脑和内耳处理协调与平衡的信息，脑干则将这些信息输送到脊髓中直接与相关肌肉联系的运动神经元。由此可以看出，不自主运动信息不经过皮层处理，而是在一个相对简单的闭合回路中传递。

▶ 精神科药物对锥体外束神经元有何影响？

抗精神病药物能够扰乱锥体外束神经元的功能，带来一些毁坏性的副作用，如迟发性运动障碍，症状为四肢及脸部肌肉颤抖。现在非典型性抗精神病药物已经被普遍使用，这是一种新型的精神科药物，对于锥体外束带来的副作用很小（这些副作用包括躁动、颤抖、肌肉僵硬等）。

▶ 大脑是如何传递自主运动指令的？

感觉信息从大脑后方向前方传递，运动信息则恰好相反。运动行为的目的由前额叶皮层发出，前额叶皮层负责制订计划和设定目标。运动信息传入初级运动皮层前方的运动前区和辅助运动区，具体运动的协调也由这些区域处理。

然后信息传送至初级运动皮层（M1区）。初级运动皮层位于中央沟前方，临近顶叶的体感带。在M1区也有一个类似体感带中的"体感小人"与身体表面各部分相对应，这个区与身体运动的执行有关。M1区将信息传递到脑干，脑干再激活脊髓中的运动神经元，而运动神经元直接控制肌肉运动。

▶ 信息是单方向传递的吗？

大脑不断地发出指令，接收反馈。信息在神经系统内往返传递、变更输入信息和输出指令。例如，运动系统发出运动信号，然后伸出左手去拿一个玻璃杯。同时，大脑处理重要的感觉反馈信息。伸出去的手距离杯子有点远，小手指碰到了椅子背。这个反馈信息自动合并到正在进行的动作中，于是手向右侧移动了2.54厘米（1英寸）。手的移动结果再次变成感觉信息传入大脑。为了简便，我们将感觉和运动系统的活动看成是孤立进行的。实际上，大脑是一个巨大的、相互作用的神经网络，不断向自身输送着反馈信息。

▶ 小脑是做什么的？

小脑（cerebellum，拉丁语中"小的脑"）是位于皮质下方的较大球状组织。小脑与额叶和脑干有着丰富的联系，负责运动控制。小脑能够调节运动协调性，保持一定的姿势，使动作顺利完成。小脑损伤会造成动作颤抖、不协调，躯体也不能保持平衡。最新研究表明小脑还与认知功能有关。

▶ 想象中的动作与实际的动作有区别吗？

大脑处理观察到的或想象中的动作与处理实际做出的动作过程是一样的，这一点很令人吃惊。无论是观看别人做某个动作，然后自己想象做同样的动作，或是实际去做这个动作，在脑成像中都会显示相同的运动皮质区域变得活跃起来。

▶ 什么是镜像神经元？

镜像神经元是一组位于运动前区皮质的神经元，能够对看到的动作和自己

做出类似的动作都做出反应。在顶叶中的感觉联合皮质中也发现有相似的神经元存在。有些科学家认为镜像神经元可能就是情感中产生共鸣的基础。科学家将电极植入猴脑测量某个神经元的电活动时发现了镜像神经元的存在。当猴子做了一个手部的动作，而实验者也做了一个相同的动作时，猴子的脑细胞两次都会放电。但是如果实验者做了一个不同的手的动作，脑细胞就不会有放电现象。

▶ 大脑处理复杂行为的过程与处理简单行为的过程有区别吗？

额叶不是大脑中唯一能够处理目标运动的区域。就像前面提到过的那样，额叶在进化过程中出现得较晚，只在人脑中进化得比较完全。但是在额叶进化产生之前，动物也需要做一些目标行为，如获取猎物、保持清洁、进食和社交行为等。对于大多数动物来说，这些行为会固定成组，在适当的刺激下自动做出某些动作。如老鼠在地上跑过，猫就会猛扑过去。这些预置的行为组是由大脑中的基底节控制的。

▶ 基底节起什么作用？

基底节指的是一组脑组织，包括尾状核、壳核、苍白球。基底节在大脑进化史上比皮层出现得早，是比较古老的部分，在哺乳动物、鸟类、爬行动物中均有存在。基底节调节支配简单的动作行为组，像骑自行车、抛球这样有目的的行为。其中有些自动行为需要经过学习获得（如骑自行车），还有些是由基因决定的，不需要学习，称作固定行为模式。人类大脑中的基底节主要负责学到的行为。虽然复杂的行为是通过额叶控制进行学习的，但经过练习变成自动行为后就由基底节来控制了。

▶ 什么是固定行为模式？从中可以看出我们有什么样的"动物本能"？

固定行为模式是指由基因决定的行为序列，在受到特定的刺激时即可出现。固定行为模式与动物"本能"相似，由基底节控制，行为固定不变。在固定行为模式中不会有目标矫正，所做出的行为是对固定刺激的

▸ 什么是幻肢痛？

有些接受过截肢手术的人常常抱怨被切断的肢体发生疼痛，这种现象称作幻肢痛。幻肢痛加重了截肢的痛苦。脑成像显示，幻肢感觉与体感带和附近的感觉联系皮层的活跃有关。脊髓中的神经元仍旧向处理感觉信息的大脑区域发送来自切除肢体部位的痛感信息，这种信息也不局限于疼痛。接受过手部切除手术的人有时会想象手指在运动，这时大脑中相应的运动带处于活跃状态，就像是手仍然存在一样。

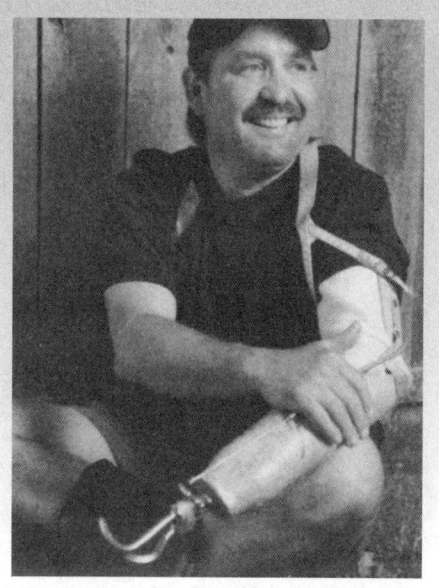

接受过截肢手术或身体其他部位切除手术的人仍能感受到这些部位有疼痛感等。这是因为与该部位对应的脊髓神经仍然在向大脑发送信息。（图片来源：iStock 图像）

固定反应。

▶ 动物有什么样的固定行为模式？

猫在闻到自己的尿味后就会在稻草中开始挖坑，要把排泄物掩埋起来，但猫从不理会它们的目的是否已经达到。在这种情况下，猫只是对特定的刺激，如猫尿，做出基因预定的反应。动物中的清理动作也是固定行为模式的例子，如鸟用喙梳理羽毛，猫用舌头清理自己，狗在淋湿身体时会抖动身体。此外，猪的噬咬行为，马的嘶鸣和摇头也都是固定行为模式。

▶ 人类有什么样的固定行为模式？

人刚出生时会有多种反射作用，如撅嘴觅食、游泳、抓握、吮吸等。但在成长过程中，这些由基底节控制的反射行为受到了额叶的抑制。在很大程度上，经过思考、有目的的行为取代了刺激—反应的自动行为序列。成年期，如果额叶受到损伤，固定行为模式会重新出现，与此相关的额叶释放症会使人出现在婴儿期才会有的几种反射现象。一些精神疾病也反映了固定行为模式的病理性激活，如强迫症就是与基底节—额叶回路有关的疾病。这种病症的特点是做出一些重复的、刻板的、无意义的行为，如强迫性洗手、敲击、清理东西等。

认知功能与行为控制

▶ 认知功能是怎样调控行为的？

什么是认知功能？我们如何定义思想？本质上，认知功能是在非现时情景下某个事件的再现及对某事的思想认识，即想象力的发挥。如果人们能够想象出某种行为的结果是什么，那么人们就可以评估采取某种行动的可取性，或是可以想象采取另外一种行动。这种想象的能力极大地改变了动物与其所做出行为的关系。人类具备了认知功能就能够先考虑再行动，并且能够改正错误。此外，人类还能够计划未来的行动，预见可能的结果。

▶ 目标矫正是什么意思？

认知功能能够使我们比较某种行为的实际结果和预期结果，然后相应地修改行为，这个过程就叫做目标矫正。

▶ 执行功能有哪些？

执行功能是额叶调节控制的一系列思维活动，其中包括计划、分析、考虑采取另一种行动、抽象思维、改变想法等。这些重要的思维能力可帮助人们适应复杂多变的环境。如果额叶受到损伤，人们将失去执行功能，变得易冲动、行为混乱、不能做计划、不能监控并调节自己的行为。实际上，这样的人会变得像孩子一样，回归到了额叶尚未完全发育的时候。

▶ 冲动控制与执行功能有什么关系？

冲动控制也很重要。具体地说，冲动控制将某个事件与惩罚记忆或预期惩罚相联系，人们会考虑到某种行为的消极结果，从而放弃这种行为或是改变行为。冲动控制能力差的人在神经心理学测试中表现很糟糕，这些测试检验的是人们的抽象思维、思维变换、计划能力等执行功能。冲动控制由处于额叶下方的眶额叶皮层控制。

▶ 菲尼亚斯·盖奇是谁？

菲尼亚斯·盖奇（Phineas Gage, 1823—1860）是一位生活在19世纪中期的铁路工人，他在工作中遇到了一次可怕的事故，一根铁棍穿透了他的头部，在大脑上留下个大洞。可盖奇在这次事故中居然活了下来，实际上，他的身体几乎没有受到什么伤害。他的认知能力和运动控制能力也没有改变。然而，他的性格却发生了显著的变化，这种变化也为那些在事故发生前就认识他的人带来了困扰。从前他是个冷静、有礼貌的人，可事故后他变得粗鲁、冲动、无法与人正常交往。现在我们知道了，这是因为盖奇的眶额叶皮层受到了损伤，而大脑的这个部分主要与冲动控制和社交判断力有关。

情　　绪

▶ 什么是情绪？

我们可以把情绪看作是社会动物的行为组，这些行为是对环境中不同情况做

出的快速、高效的反应。这些情况可能包括危险或攻击等令人反感的情况，也可能是有回报性的情况，如食物、性、安全、社会联系等。所有的情绪反应都涉及几个特征的协调出现，如植物神经系统被唤醒、面部表情变化、肌肉紧张、与从前的主观经验对比等。一系列的反应几乎像计算机的宏一样，是为某个情景做好准备。例如，人在生气时会血液循环加快、脸红、皱眉、撅嘴、四肢肌肉紧张，这是人生气时的典型表现。这些特征表明，生气的人的躯体不但准备采取行动，而且是采取进攻性行动。

▶ 情绪有什么作用？

所有的情绪至少有三个作用：为采取适当的行动做准备；提示人们某个情境的重要性；向别人传递当事人即将做出什么样的反应的信息。例如，在处于危险之中时，对恐惧的情绪反应警示当事人所处环境的危险，为他逃跑做好准备，同时将这个信息通过表情、言语、身体姿势传递给他人。

▶ 情绪有几种？

人们普遍认为，核心情绪包括愤怒、恐惧、厌恶、吃惊、高兴、悲伤。这些情绪是生理上固有的，即使是具有语言和文化差异的人也不需学习就可以辨认出来。其他哺乳动物也具有一些上述的核心情绪，如恐惧和愤怒等。但是，人类的情绪比这六种核心情绪更为丰富，一些自我意识情绪——羞愧、尴尬、骄傲、负罪——也是人类情绪中的一部分。这些更复杂的情绪依靠一定程度的认知能力而存在，还与个体在社会群体中的地位有关系。

▶ 我们总是了解自己的感觉吗？

感觉某物与了解我们自己的感觉是两码事。实际上，神经学家安东尼奥·达马西奥（Antonio Damasio）已经把两者做了区分。情绪是指身体的生理反应，感觉是有意识地感受情绪。婴儿出生即会哭泣，这是一种与生俱来的情绪反应。然而，能够识别并用语言表达情绪（"哦，我很难过。"）的能力则是随着年龄增长的，在某种程度上还要依赖恰当的社交反馈信息。因此，心理动力精神疗法是基于这样的概念，即情绪失调是由于病人对自己的情绪缺乏了解造成的。

这种无法识别自身情绪的病症称作述情障碍。

情绪与边缘系统

▶ 边缘系统与情绪有什么关系？

我们对于情绪的神经生物学方面的了解远远不如对于大脑的认知功能了解得多，但我们清楚地知道，叫做边缘系统的大脑结构主要负责情绪处理。边缘系统指的是包裹在丘脑外围的一组皮层下脑组织。虽然关于边缘系统的范围界定还有分歧，但通常指涉及情绪处理的核心脑组织。

▶ 杏仁体在情绪处理中起什么作用？

杏仁体是一个很小的、杏仁状的脑组织，位于基底节下方，在情绪反应中起重要作用。杏仁体是最早对显著的情绪刺激（尤其是恐惧刺激）做出反应的脑组织。杏仁体不但与其他边缘系统组织关系密切，而且与中脑、脑干等大脑下部区域也有联系，尤其是与中脑神经元有丰富的联系，而这些神经元能够产生与情绪相关的神经递质。

例如，中缝核产生羟色胺，腹侧被盖区产生多巴胺，还有蓝斑产生的去甲肾上腺素。大多数神经科药物都是作用于其中一种或多种神经递质系统。杏仁体与额叶和颞叶也有联系。这样一来，杏仁体作为生理控制中心像是大脑中的一座枢纽小站一样，在思考和感知之间起联结作用。

▶ HPA轴是什么？

HPA轴是一条使身体活跃起来的主要路线，下丘脑是起点。HPA轴包括下丘脑、脑下垂体和肾上腺，这三者是身体对压力的主要应答部分。脑下垂体是下丘脑下方的一个很小的组织，肾上腺位于肾脏上方。下丘脑分泌皮质醇释放激素（CRH），该激素向下到达脑下垂体并刺激其释放促肾上腺皮质激素

（ACTH）。促肾上腺皮质激素继续向下传输至肾上腺，肾上腺受到刺激释放皮质醇和其他皮质激素，所释放的这些激素会激活交感神经系统。皮质醇能影响多种心理反应，如压力、情绪、某些心理疾病等。

▶ 下丘脑作为植物神经系统的入口起什么作用？

在杏仁体的众多联络中，下丘脑是其中之一。下丘脑与饥饿、性、口渴等动力驱动有关，也是大脑生理中心的协调者。下丘脑是植物神经系统的中央控制区，植物神经系统能够调动心血管、呼吸、肌肉、肠胃系统，为身体采取行动做好准备。

当我们感觉情绪激动时，植物神经系统所起的作用十分明显。我们心跳加快、开始出汗、胃里在翻腾、呼吸变得浅而急促（具体地说，是交感神经系统使我们兴奋起来，而副交感神经系统使我们安静下来）。下丘脑激活植物神经系统有两种主要方式：其一是比较传统的神经元之间的突触联络；其二是释放可以自由活动的激素，激素作为一种化学信使，大部分通过血液传输。

▶ 海马区在情绪处理中起什么作用？

海马区与记忆有关，记忆对于我们评估新刺激很关键。我以前见过这个人/这种情形/这个东西吗？他是朋友还是故人？尽管海马区与情绪控制不直接关联，但它的位置与其他边缘系统组织临近，因此海马区与杏仁体、下丘脑、扣带回都有联系。

▶ 岛叶是如何为我们提供身体内部状态信息的？

岛叶与身体内部状态表现有关。岛叶能帮助处理来自身体内部的感觉信息，如紧张时会感到胃部痉挛。更具体地说，如难吃的食物的味道及相关的令人恶心的经历等信息都由岛叶负责处理。岛叶位于皮层内部，居于颞、额、顶叶之间。脑成像显示，在许多种情绪状态下岛叶都是活跃的，这是因为有关身体状态的感觉信息在人的情绪主观意识中起重要作用。你能回忆起在你非常高兴、极其生气、极度恐惧的时候身体上的一些变化吗？如肌肉紧张程度、能量水平、心跳速度等。在经历这些极端情绪时，你的身体是否发生过这些变化呢？总而言之,杏仁体和下丘脑主要负责情绪产出——它们刺激情绪反应;而岛叶负责情绪输入,即把生理情绪状态转换成感觉,让我们觉察到我们的身体在做什么。

哺乳动物的情绪

▶ 我们的情绪在哺乳动物发展史上的根源在哪里?

情绪是哺乳动物进化的助推剂。大部分的哺乳动物具有社会性,情绪有助于核心社交活动的正常进行。例如,情绪能够增强彼此间的社会联系,有助于求偶和抚育后代。在动物间争夺地位、资源、配偶时,情绪纽带鼓励彼此间的竞争。情绪在对危险做出反应并将危险信息传达给同伴时也起了十分重要的作用;情绪还能够告诉我们其他成员是如何对待我们及如何对环境做出反应的。

▶ 高等哺乳动物中有哪些显著的情感表现?

核心情绪在我们的家庭宠物猫或狗的身上表现明显,这也是我们喜欢这些宠物的原因。我们时常可以见到亲密、挑衅、恐惧、满足、兴奋这些情绪。如果宠物狗摇着尾巴想要和你玩耍时,你很难拒绝;你的小猫在你身上蹭来蹭去还满足地呜呜叫时,你也会表现出同样的满足感和亲密感。

▶ 人类情绪与动物情绪有什么不同?

由于我们的大脑更复杂,我们的情绪也更加细腻、复杂,更容易受到认知能力及对过去和未来思考的影响。动物的情绪更简单,直接受具体行为和即时状况的影响。如狗会冲着陌生人叫,会对它喜爱和信任的主人表示亲昵,看到要带它出去散步就会高兴地摇尾。而人类的情绪不受现在时间的限制,我们可以后悔过去,也可以担忧将来。此外,人类的情绪也不受即时环境的限制,我们在报上读到关于全球变暖的文章后会感到沮丧,我们可能担心朋友们怎么看待自己的恋人,我们也可能嫉妒高中同学在事业上的成功。

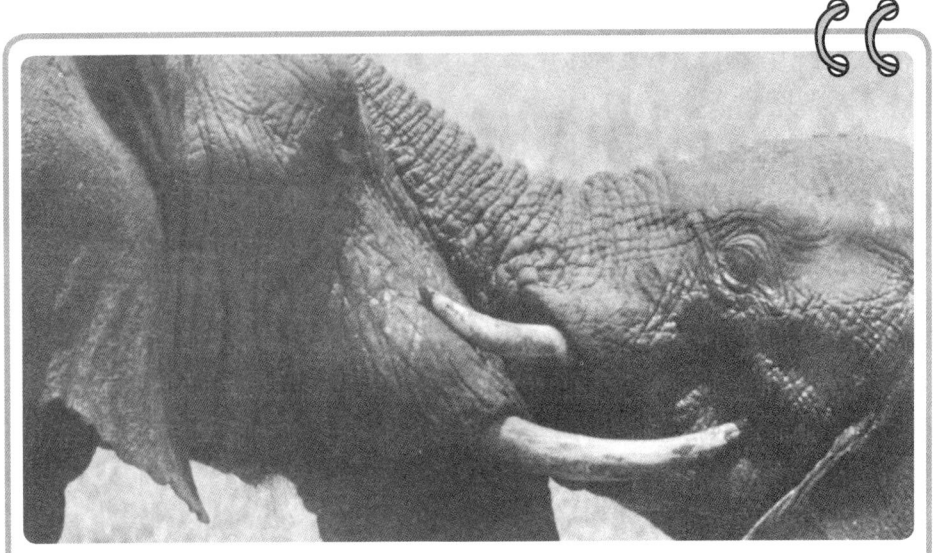

许多哺乳动物具有很强的社会性，如图中大象的亲密行为也是社交活动。我们情绪的进化在很大程度上帮助我们在这个社会性的世界中生存下来。（图片来源：iStock.com 图像）

▶ 边缘系统在进化过程中变化了吗？

作为情绪的处理中心，边缘系统在进化过程中的变化没有额叶大。我们的大脑皮层与我们的哺乳动物表亲差别很大，而我们的边缘系统与它们相差不多，这也说明了为什么我们能与其他动物建立亲密的情绪联系。我们大脑的智力部分与其他哺乳动物有很大差别，但情绪部分却基本相似。

额叶对边缘系统的控制

▶ 额叶是如何控制边缘系统的？

额叶控制着边缘系统，与此对应的就是思维控制情绪。额叶因其与边缘系统的联系也使它能够与大脑其他区域建立起丰富的联系，许多联系边缘系统的额叶神经元有抑制作用。情绪产生得很迅速,但不是十分准确,这时额叶就会帮助我们对情绪反应进行一些修正,确保我们能够做出与当时情形相称的情绪反应。这个任务由思维来完成,在我们内心的情绪与我们实际做出的反应之间起协调作用。

有时对于当时情景的认知分析可能加剧我们的情绪反应。请回忆一下,你是否有过这样的经历:当你对于某件事的最初反应是保持沉默,但你越想越觉得不能保持沉默。此外,认知分析也使人们考虑到做出某种反应行为的后果,因此会压抑情绪反应("如果我揍他,他也许会揍我。""如果我辞职,我就付不起房租了。")。另外,认知分析还能帮助我们思考对于某件事的另一种解释("嗯……也许这不算什么无礼。""也许他只是没看见我罢了。")。

▶ 眶额叶区起什么作用?

眶额叶区位于额叶下部,眼睛上方。这一区域对于冲动控制尤其重要,能够抑制危险或鲁莽的行为。眶额叶区受到损伤的人会表现出无约束、易冲动、无法进行正常的社交活动。菲尼亚斯·盖奇就是一个眶额叶受损的著名病例。能够把未来事件与过去曾经受到的惩罚或将来可能受到的惩罚联系起来,从而抑制可能发生的行为,这也许就是眶额叶的工作原理。

▶ 额中上皮层起什么作用?

有新的研究表明,额叶的一部分,即额中上皮层,能将情绪记忆与认知功能联系起来,从而控制社交认知能力。这个区域位于额叶中部,能感知自我,感知他人及自己的思维状态。虽然这项研究是新近开展的,但它可能极具革命性,这项研究首次揭示了人格中某些方面的神经生物基质。

▶ 未完全发育的额叶控制情绪的能力是否较弱?

额叶是童年时期发育最晚的大脑组织,实际上额叶要到成年期才会发育完全,因此情绪控制也要到成年才能充分发育。我们经常见到儿童甚至是成年人情绪失控,显而易见要归因于这个原因。

 **弗洛伊德的自我与本我概念是否有生物学依据？**

　　自从西格蒙德·弗洛伊德（Sigmund Freud）与众不同的研究工作开展以来，大部分的精神分析理论都已经有了改变。但是，弗洛伊德关于自我与本我的概念在过去的100年里一直被人们沿用。自我按照现实原则行动，使人们的愿望和冲动适应冰冷的现实；而本我是最原始的动物欲望，是激情的来源。就像是弗洛伊德说的"本我所在，自我即至"那样，自我的作用是控制本我。

　　令人惊奇的是，现代神经科学已经完全证明了这个观点。本我等同于边缘系统，即情绪的控制中心。自我等于额叶，或者具体地说是前额叶皮层，主要调节认知功能与行为控制。就像是自我控制本我一样，额叶控制着边缘系统。

▶ 额叶退化会有什么后果？

　　如果额叶退化，我们可能见到之前受到额叶抑制的较原始的行为再次出现，巴宾斯基反射和额叶释放症都是额叶退化的表现。额叶退化，对边缘系统的原始反应控制减少，结果就是失去社交判断力，失去冲动控制能力，无法有效地做计划及分析现状。这也是为什么患有阿尔茨海默症或其他痴呆症的患者始终需要有人看管。如果额叶萎缩退化，实际上成人的行为就会和儿童一样。

▶ 什么是额叶释放症状？

　　额叶释放症状指的是一组由基底节控制的反射行为，正常情况下是婴儿初期的明显行为。这些行为包括用嘴搜寻食物（如果某物触碰到嘴部周围的面颊时，脸则转向该物体），触碰上嘴唇上方的皮肤会使婴儿撅起嘴唇，这些行为都有助于喂食婴儿。

手掌抓握反射能帮助婴儿握住母亲，这个反射使婴儿能抓住任何抚摸他手掌的东西。巴宾斯基反射，即触碰、刺激足底时脚趾会蜷曲的现象，也是婴儿早期的一种反射。随着额叶的发育，这些原始的反射行为会受到抑制。但如果成年时额叶受到损伤，这些出生时具有的反射行为可能再次出现。因此，成年时期出现额叶释放症状说明脑部受到了显著的损伤。

神经递质和其他大脑化学物质

▶ 什么是神经递质以及为什么神经递质这么重要？

神经递质大概是大脑中主要的化学信使，是神经元彼此传递信息的桥梁。一个神经元就是通过神经递质促使另一个神经元放电的。如果我们把大脑的神经元网络看作是庞大的经济体系的话，那么神经递质就是其中的货币，神经递质的交换促使神经元放电。

▶ 神经递质在突触部位怎样发挥作用？

神经递质存储在神经元轴突末梢的囊泡中。神经元放电时，轴突末梢向突触间隙（突触前神经元和突触后神经元之间的空间）释放神经递质，随后神经递质与突触后神经元受体结合，作用于该神经元使其有可能放电。兴奋性神经递质增加放电可能，而抑制性神经元降低放电可能性。

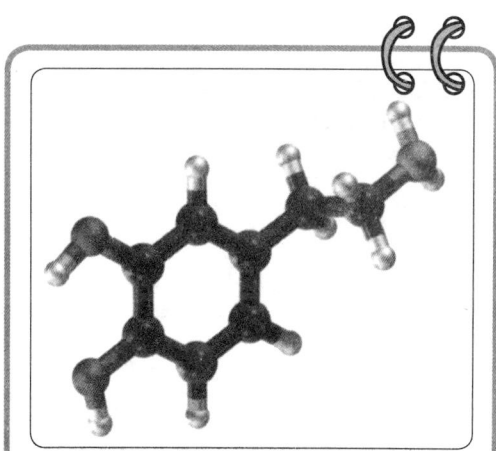

多巴胺分子模型图。多巴胺是神经科药物经常作为治疗目标的一种神经递质。（图片来源：iStock 图像）

▶ **主要的神经递质有哪些?**

多巴胺、去甲肾上腺素、羟色胺是众所周知的神经递质,也是精神科药物最常见的治疗目标,这三种神经递质的化学结构都是单胺类。谷氨酸是一种兴奋性神经递质,能够增加神经元放电的可能性。γ-氨基丁酸是抑制性神经递质,能够降低神经元放电的可能性。组胺与过敏反应有关,乙酰胆碱与记忆有关,是治疗阿尔茨海默症药物的作用目标。

▶ **神经科药物主要有哪些种类?**

下表中列出了神经科药物的主要种类、每类中的代表药物以及每类药物所作用的神经递质。促认知药是较新的一类药,主要用来治疗阿尔茨海默症。

神经递质及神经科药物

药 物 种 类	药 物 名 称	神 经 递 质
典型抗精神病药	氟哌啶醇 氯丙嗪	多巴胺
非典型抗精神病药	利培酮 奥氮平	多巴胺,羟色胺, 组胺,去甲肾上腺素
SSRI类抗抑郁药	氟西汀 舍曲林	羟色胺
三环抗抑郁药	阿米替林 氯丙咪嗪	羟色胺,去甲肾上腺素
苯二氮平类抗焦虑药	安定 氯硝西泮	γ-氨基丁酸
兴奋剂	哌甲酯 右旋安非他命	多巴胺,去甲肾上腺素
促认知药: 胆碱酯酶抑制剂	多奈哌齐 他克林	乙酰胆碱
促认知药: NMDA受体拮抗剂	美金刚	谷氨酸

NMDA受体拮抗剂

▶ 多巴胺有什么作用?

多巴胺通路有很多功能,实际上大脑中有多条多巴胺通路即多巴胺能神经纤维束。第一条通路黑质-纹状体束起源于中脑的黑质,并向基底节延伸。这些神经束与运动控制(身体的运动)有关,如果受到损伤就会患上帕金森症。抗精神病药物也能导致这部分损伤,使患者运动失常。第二条主要的通路为中脑边缘通路,起源于腹侧被盖区(也位于中脑),向伏隔核及部分边缘系统延展,该通路与大脑奖赏系统有关。第三条是中脑皮质通路,这条通路与中脑边缘通路的起点相同,延伸至皮层,与额叶有丰富的联系。这条通路与许多精神病症状有关,也是许多抗精神病药物的作用点。

▶ 什么是奖赏系统?

奖赏系统指含多巴胺的神经纤维束,主要与欲望经历有关。欲望的目标并不重要,因为这是一个通用的动力机器,在药物欲望(可卡因、冰毒、酒精、香烟)、赌博、进食、性需求方面都处于活跃状态。这个动力机器在其他能够引起强烈动力和欲望的活动中也是十分活跃的。奖赏系统由中脑边缘多巴胺能神经束构成,从中脑的腹侧被盖区延伸至前脑的伏隔核。

▸ 神经纤维束与美国纽约的地铁有哪些相似之处?

许多主要的神经递质由单个神经纤维束释放。这些神经元胞体位于中脑或脑干深处,但轴突却能够沿边缘系统和皮层延伸,并沿途分支出许多突触与其他神经元相联结。这样一来,神经递质纤维束有些像是纽约

地铁,而神经递质就是其中的乘客。纽约地铁1号线要途经城市学院、哥伦比亚大学、剧院区、金融区。与此类似的是,神经纤维束也要延伸至有各自功能的大脑不同区域。如果封锁了开往百老汇方向的1号线,那么上述4个地区的客流量就会减少。如果阻挡了黑质–纹状体束中多巴胺的活跃程度,基底节的活跃度就会降低,还会带来一些运动协调问题,这也正是帕金森症的症状。

▶ 羟色胺在调节情绪和行为中起什么作用?

羟色胺是一种较古老的神经递质系统,在原始生物如海蛞蝓中可见。毫无疑问,在人类大脑中羟色胺有多重功能,其中既包括最简单的,也包括最高级的功能。简单功能如饥饿、睡眠、偏头痛、性功能等;复杂功能如情绪、焦虑、伤害预知等。羟色胺含量水平低的人表现出冲动控制困难,而水平高的人则表现出过度谨慎小心。羟色胺神经束发源于脑干的中缝核,向外延伸遍布大脑皮层,有些神经束也延伸到脊髓。

羟色胺是广泛使用的抗抑郁类药——选择性羟色胺再摄取抑制剂(SSRIs)作用的目标。这类药包括氟西汀、舍曲林、帕罗西汀等。选择性羟色胺再摄取抑制剂药物也能有效治疗焦虑症和强迫症。

▶ 去甲肾上腺素对心理活动有什么影响?

去甲肾上腺素与唤醒和注意有关。如果将去甲肾上腺素注射到动物的大脑中,动物会变得对环境更加警觉。去甲肾上腺素也许与注意力缺陷障碍(ADD)有关。去甲肾上腺素还能在战斗/逃跑中激活植物神经系统,影响心血管、肌肉、消化系统的活动。实际上,一种用来治疗高血压的药物——β阻滞剂也可作用于去甲肾上腺素能系统(指释放去甲肾上腺素的神经纤维束)。此外,三环抗抑郁药也能作用于去甲肾上腺素能系统,这表明去甲肾上腺素与情绪有关。

▶ 为什么说谷氨酸和 γ-氨基丁酸很重要？

这两种神经递质在大脑中广泛分布。谷氨酸是大脑中主要的兴奋性神经递质，能够激活神经系统，参与学习与记忆活动。最新研究表明，谷氨酸也与精神分裂症有关。与谷氨酸作用相反的是具有抑制性的 γ-氨基丁酸，γ-氨基丁酸能使神经系统平静下来。苯二氮平类药物能作用于 γ-氨基丁酸，具有抗焦虑、镇静的作用。苯二氮平类药物包括氯硝西泮、劳拉西泮、安定、阿普唑仑等，这些药物因为具有令人感到愉快、放松的作用，同时也有上瘾的可能性，有时被滥用作毒品。

▶ 什么是神经调质？

大脑中许多影响心理活动的化学物质实际上并不是神经递质，它们被称作神经调质，因为它们的作用是调节神经递质的行为。这些化学物质可能包括神经肽或神经激素，例如类罂粟碱、催产素、后叶加压素等。这些物质能够参与痛觉或社交行为的信息处理。

▶ 类罂粟碱是天然的止痛药吗？

类罂粟碱是一种能够止痛的神经调质。这种物质相当于人体自行产生的"止痛药"。类罂粟碱的作用原理就是抑制神经递质谷氨酸的效果。因为谷氨酸起兴奋作用，所以抑制谷氨酸就能够减少脑活动，实际上也就是使大脑平静下来。

▶ 鸦片与类罂粟碱有什么不同？

鸦片本质上是类罂粟碱的植物形式。鸦片是从罂粟花的汁液中提取而来，该种化学物质的人工合成物也称作鸦片。人体摄取鸦片后，鸦片会与大脑中的类罂粟碱受体结合。由此可见，大脑对于鸦片和对于我们自体产生的类罂粟碱的反应是一样的。一些强效止痛药都是由鸦片制成的，如吗啡、海洛因、麻醉剂等。由于鸦片具有放松、愉悦的效果，含有鸦片的药物经常被滥用作毒品。

▶ "爱的化学元素" 是什么？

催产素和后叶加压素是作用广泛的神经肽。后叶加压素与肾功能有关，但在心理学领域中，后叶加压素最广为人知的作用还是它对参与社交行为的调节。催产素与生育和哺乳有关，但催产素和后叶加压素都与性高潮、性活动中的情感建立、抚养行为相联系。一项对于田鼠社交行为的著名研究显示，与其说这些化学元素与性行为本身有关，倒不如说是与情感纽带的建立相关联。

 ▶ 催产素和后叶加压素对田鼠的行为有何影响？

对于高山田鼠和草原田鼠的一系列对比研究使我们深刻了解了催产素和后叶加压素的作用。田鼠是小型啮齿类动物，生长在不同的栖息地。高山田鼠生活在相当分散的山中洞穴里，而草原田鼠则生活在田鼠稠密的聚居地。

因此，两种田鼠的社会行为十分不同。草原田鼠表现出单配交配模式，社会行为水平普遍较高，而高山田鼠不具备

对于小田鼠的研究揭示了催产素和后叶加压素对行为的影响。

这些特点。草原田鼠体内的催产素和后叶加压素含量较高。后叶加压素与草原雄性田鼠的社会行为有直接联系。具体地说，草原雄性田鼠表现出对伴侣偏好和保卫配偶的行为，即雄性田鼠会守在配偶旁边，一旦有其他雄性田鼠靠近，则会表现出攻击性。而高山田鼠则不是这样。

如果草原雄田鼠大脑中的后叶加压素受到阻塞，那么它就不会表现出对伴侣偏好和保卫配偶的行为，但雄性草原田鼠的交配行为及攻击行为不会改变。同理，如果雌性草原田鼠大脑中的催产素受到阻塞，那么该雌性田鼠对伴侣偏好行为和母性行为也会下降。

▶ 精神科药物怎样作用于脑内化学物质？

大部分精神科药物是通过调节一种或多种神经递质系统起作用的。一般来说这些药物并不含有神经递质，但它们含有能调节神经递质行为的各种化学物质。比如说，SSRI类抗抑郁药能够阻断羟色胺的再吸收，延长羟色胺分子在突触上的停留时间，使它们有更多的时间与受体部位相结合，刺激突触后促使神经元放电。更形象地说，就像是有人站在你家门口，把手指放在门铃上持续按响一样。

▶ 滥用药物对大脑有什么影响？

滥用药物和合理使用药物对大脑的作用相似。实际上，许多精神科药物有时被滥用作毒品。药物的滥用能够带来更快、更强烈的愉悦感，正是这种快感使某些精神科药物成为娱乐性毒品。

▶ 滥用药物是怎么改变大脑的？

对于神经递质行为过度调节的直接后果就是造成神经递质受体活动发生巨大变化。例如，如果外来化学物质模仿神经递质的行为，那么神经递质对此做出的反应就是减少其自身的产生或降低活性，受体部位就可能因此萎缩并消失。这种神经元结构本身的改变将导致上瘾。当大脑神经递质的产生减少或对神经递质处理能力降低时，渴求（瘾）就开始了。人为了达到同样的心理感觉效果，对药物的需求量越来越大，也就是药物耐受性的产生，这意味着大脑神经元结构已经发生了改变。

下面列出了具体药物能够造成大脑哪些化学系统的改变：

大麻：大麻素受体

可卡因：多巴胺

海洛因：类罂粟碱受体

迷幻药：NMDA谷氨酸受体

乙醇：γ-氨基丁酸

环境对大脑的影响

▶ 学习如何改变大脑？

越来越多的研究表明，学习和经历在很大程度上塑造了大脑。不但在儿童时期如此，成年期大脑也始终为经历所影响。出生前，基因是大脑发育的决定因素，而出生后大脑发育绝大部分依赖于学习。实际上，神经元的每次放电都会使大脑有些许变化。大脑记忆产生的一种方式就是通过一个所谓"长期增效"的过程产生的。神经元以特定的模式放电，相关神经元之间的联系得到增强。经历也能改变大脑。突触上的受体部位可能加强也可能减少。新的树突可能增加分支，新的轴突末梢也可能与相邻神经元形成新的树突。因此，大脑的可塑性表现多样。

▶ 大脑的可塑性能解决关于先天/后天的争论吗？

心理学中最古老的一个争论（这个争论至少可以追溯到柏拉图和亚里士多德）就是人类心理学中是先天资质重要还是后天培养重要？个体的品格与智力中有多少是与生俱来的，又有多少是在后天环境中习得的？用现代的语言来说，就是基因与学习之间的关系，基因与学习各自都起了多大的作用？大量证据表明大脑具有可塑性，然而这个事实使先天/后天之争更加令人迷惑。如果说大脑是由基因决定的——也没有人能否认基因在大脑发育中的重要性——那我们又怎么解释大脑的可塑性呢？

大脑既由基因决定又受生活经历影响。解决这个先天/后天解释困境的一个方法是认定基因是大脑发育的外部边界的决定因素。大脑的基本结构由基因决定，即使一个儿童是在马群中长大，他的大脑也不会发育成马脑。然而，神经元之间的特定联系、这些联系的密度、联系的消失则在很大程度上取决于学习和生活环境。

埃里克·坎德尔（Eric Kandel）研究海蛞蝓的条件反射行为，以期了解神经元突触是如何改变的。（图片来源：iStock 图像）

▷ 童年时期环境如何影响大脑发育？

大脑的大部分发育是在童年时期，尤其是童年的早期。由于经历对大脑发育起重要作用，童年时期的环境输入十分关键。营养、教育、言语接触、语言、情绪和人际关系经历都会影响神经元之间联络的形成，即神经网络的形成。这种环境输入将决定哪些突触联络继续存在、哪些会消失。这样，早期环境的影响会烙印在儿童大脑中。随着年龄的增长，这些早期环境影响会变得越来越难以改变，有时甚至无法改变。

▶ 营养如何影响大脑发育?

成年期的大脑重量是刚出生时的4倍。虽然突触发生(新突触的生成)在出生后2年内达到生长高峰期,但在10岁以前会一直持续快速生成。大脑的这种发育是需要营养的。与青春期身体迅速成长需要营养一样(大多数父母都见证了他们处于青春期的儿子的巨大食量),大脑迅速发育时也是如此。因此,如果营养不良,童年期的大脑发育就会受到阻碍。而且,儿童在饥饿时注意力会受到影响,在学校或其他任何环境中的学习能力也会相应受到影响。虽然从直觉上讲,食物的质量也会影响童年期的大脑发育,但没有有力的证据表明某种饮食对学习有特效。

▶ 言语接触如何影响大脑发育?

人类的大脑具有独一无二的学习能力和加工语言的能力,这种语言能力也使人类区别于地球上的其他动物。婴儿出生时具有识别任何一种语言发音的能力,但由于处在母语的语言环境中,与母语发音相联系的神经回路得到加强,而与其他语言发音相联系的回路将会萎缩。这样,儿童的大脑被设定为能够听懂并说出母语。当然,儿童也能学会其他语言,但第二语言的加工处理过程与母语不同。而且,随着年龄的增长,学习新语言将越来越困难。

▶ 埃里克·坎德尔怎样揭示了学习能改变神经系统?

照片(在167页)上的海蛞蝓与埃里克·坎德尔(Eric Kandel)研究的海蛞蝓种类相近,坎德尔为此获得了2000年的诺贝尔奖。坎德尔最大的贡献是揭示了学习如何改变了一种具有极其简单神经系统的动物的大脑结构。坎德尔以不同的方式触碰海蛞蝓的尾部来训练海蛞蝓增强或降低防御反射。当坎德尔检查海蛞蝓神经系统时,他发现由于条件反射,海蛞蝓的神经元突触发生了改变。

⊙ 心理创伤如何影响大脑发育？

有大量证据表明，严重的心理创伤（尤其是儿童时期）对大脑有长期的影响。从弗洛伊德时代开始，精神治疗师就已经意识到创伤经历能造成严重的持续性心理伤害，现在的神经科学也验证了这一点。创伤能带来由HPA轴调节的身体压力反应。诸如儿童受虐等的长期创伤能造成HPA轴过度激活，结果就是HPA轴灵活性降低，这有点像橡皮筋抻拉过度而变形一样。

这就会造成人们的压力反应过度活跃或反应迟钝，通常的情况是两者兼而有之。压力反应如果表现迟钝，人会表现得漠然，似乎没有感受到周围发生的事情。如果压力反应过度活跃，人会对任何可能的危险都极其敏感。另有研究表明，有过创伤经历的人的大脑海马区会变小。这种现象也许和与创伤同时出现的记忆扭曲有关。

⊙ 人际交往经历如何影响儿童时期的大脑发育？

很久以前心理学家就认识到，早期的人际关系对于儿童成长十分重要。心理学的几个不同分支——包括精神分析、依恋理论、认知疗法——都从早期人际交往经历的深远影响方面解释了人格发展。尽管对于这方面的神经生物学研究尚处于起步阶段，我们还是逐渐了解了这些早期的经历是如何塑造大脑的。其中的一个发现就是童年早期的人际经历记忆是在前额叶中的上皮层处理的。

一旦这些早期的经历被载入大脑就很难改变。这样一来，我们对于人际关系的看法就固定下来了。另外，早期童年经历的情绪基调也会保留在神经回路中。具体地说，与积极情绪相关的神经回路是加强还是削弱取决于童年经历中积极情绪程度的高低。而且，与压力反应有关的回路（尤其是HPA轴）也受到童年经历的压力程度影响。随着时间的推移，身体压力反应的灵活性和韧性也会受到影响。我们都见过被压力摧垮的人，有时这也许是由童年时期过度的压力水平所造成的。

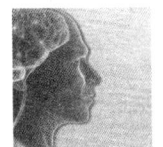

四
一生中的心理发育过程

▶ **西格蒙德·弗洛伊德、埃里克·埃里克森、让·皮亚杰、玛格丽特·马勒对人的发育阶段作出了哪些解释？**

下表总结了人类从婴儿发育到老年的各种理论。

主要发育阶段的理论

年　龄	弗洛伊德	埃里克森	皮亚杰	马　勒
1岁	口唇期	基本信任感与不信任感	感觉-运动阶段	分化
2岁				和解练习
3岁	肛门期	自主感与羞耻感和怀疑感		情感客体恒定性
				性的开始
3—5岁	性器期	主动感与内疚感	前运演阶段	
6—12岁	潜伏期	勤奋感与自卑感	具体运演阶段	
青春期	生殖期	认同感与角色混乱	形式运演阶段	
青年时期		亲密感与孤独感		
中年时期		创造性与停滞		
老年时期		完整感与失望感		

▶ **儿童发育的主要理论有哪些？为什么这些理论很重要？**

心理学领域中的几个理论涉及了儿童发育的不同侧面，如西格蒙德·弗洛伊德提出了童年期性心理的发展阶段，埃里克·埃里克森（Eric Erickson）则将这个理论发展成为情绪及社会心理发展理论，而让·皮亚杰（Jean Piaget）研究的是儿童的智力发育。

▶ **有成人发育的理论吗？**

虽然关于儿童发育的理论有许多，但也有一些关于成人发展变化的理论。埃里克·埃里克森的社会心理发展阶段理论概括了人的一生，丹尼尔·莱文森（Daniel Levinson）和罗杰·古尔德（Roger Gould）也发表过关于成人发育的著作。

弗洛伊德的性心理发展阶段

▶ **弗洛伊德的性心理发展阶段有哪些？**

由于西格蒙德·弗洛伊德的性心理发展阶段理论是最早的广为人知的发展阶段理论，而且影响了后来的理论，尤其是埃里克森的观点，因此我们就先从弗洛伊德的理论开始讲起。弗洛伊德提出了性心理发展的5个阶段：口唇期、肛门期、性器期、潜伏期、生殖期。弗洛伊德心理学的一般理论（常被称作是他的心理玄学）在现代看来很难理解。他的著作写于19世纪末20世纪初，以当时自然科学的概念为框架。对于弗洛伊德所处的时代来说，他的研究所具有的科学价值非常重要。

从现代科学的观点来看，弗洛伊德的一些理论有些牵强。他的理论中的每个阶段都与身体的性感带有关，性感带就是指身体上原欲（不太严谨的翻译就是"性快感"）最集中的地方。人格发展伴随着每个不同性感带的出现也有不同的阶段。例如，肛门期会建立起严格的秩序需求人格或者是缺乏自我约束的混乱人格。后期的理论家不再逐字逐句地解释弗洛伊德的性心理阶段理论了，而是从隐喻的角度看待他的理论。埃里克森就是从社会构建的角度解释了弗洛伊德的理论。

▶ 弗洛伊德理论中的口唇期指的是什么?

口唇期出现在婴儿出生后的头18个月,这一期间婴儿主要的性感带在嘴部。与这个阶段相关的人格特质包括依赖和包容一切的情绪经历。如果情绪得到满足,婴儿会感到对整个世界有一种掌控感。如果仔细观察这个阶段的婴儿,我们就会发现弗洛伊德将之称为口唇期的原因了。其一,吸吮是婴儿生活中的主要活动。另外,父母会发现婴儿非常喜欢把东西放入口中。再者,我们知道这个阶段的婴儿具有极强的依赖性,因为他们尚无自己生存的能力,需要父母精心而持续的照顾。

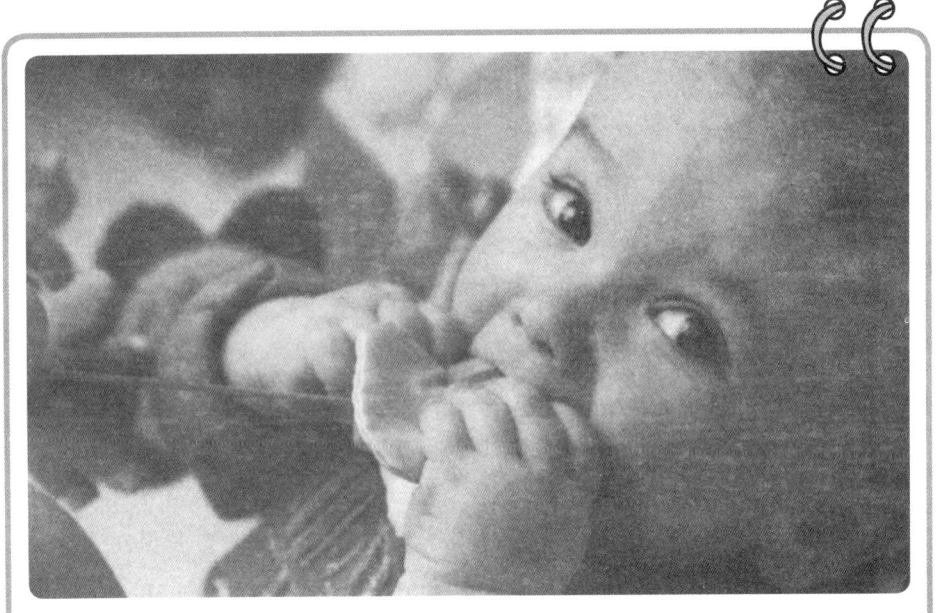

图中的婴儿正在把一个玩具放入口中。婴儿总是把拿得到的东西放入嘴中,这种现象在弗洛伊德的口唇期理论中得到了高度重视。(图片来源: iStock 图像)

▶ 弗洛伊德理论中的肛门期指的是什么?

肛门期是从18个月持续至大约3岁。这个时期幼儿的性感带从口唇转向肛门。幼儿开始接受排便训练,父母要求幼儿能够控制生理排泄。父母训练幼儿排便的方式能够影响他们这个阶段的人格发育。如果父母过于严格,幼儿可能过度注意对排便的控制,将来会发育成肛门滞留型人格,即过分强调控制力、自我约束、整洁、吝啬。如果父母过于宽松，幼儿不能适当控制排便，将来会发育成肛门排泄型人格，即生活秩序混乱、缺乏自我约束力。

▶ 弗洛伊德理论中的性器期指的是什么？

性器期是从3岁开始持续至5岁。弗洛伊德认为这个阶段是可能患上神经症的关键时期，神经症反映了本能冲动和社会约束的冲突。在这个阶段，儿童的性感带从肛门转移到了性器（或者说是阴茎）。在性心理发育阶段中，性别首次成为重要因素。显然，人口中有一半是女性的事实并没有妨碍弗洛伊德将这个阶段以男性独有的身体器官来命名。性器期的人格特质具有主动性和侵略性，这种特质与阴茎在性交中的突出地位有关。如果父母在这个阶段对儿童的惩罚行为过多，那么儿童将会充满负罪感，压抑自己的主动性和抱负心。

▶ "俄狄浦斯情结" 是如何影响性器期发育的？

弗洛伊德很重视"俄狄浦斯情结"（即"恋母情结"）的作用，他认为恋母情结是处于性器期的儿童都要普遍经历的过程。恋母情结表现在男童身上，但弗洛伊德为这个时期的女童也提出了一个词——"厄

弗洛伊德的许多观点都出自古希腊文学作品。这是一幅希腊著名剧作家索福克勒斯（Sophocles）的半身像，他是俄狄浦斯和厄勒克特拉（Electra）的剧作者。索福克勒斯生活在公元前5世纪。（图片来源：iStock 图像）

勒克特拉情结"（即"恋父情结"）。这两种情结的名称都来自古典希腊剧中人物的名字。俄狄浦斯（Oedipus）是一位希腊王子，在不知情的情况下杀了自己的父亲，娶了自己的母亲。当他知道真相后因悔恨而挖出了自己的眼睛。性器期的男童开始对自己的生殖器感兴趣，同时，他们也开始把妈妈当作自己的伴侣。当意识到父亲是他获得母亲全部注意力的对手时，他们会在想象中摆脱父亲，甚至是杀死父亲。但是，男童也深爱自己的父亲，因此心中爱与恨的冲突造成了矛盾与负罪感。男童把心中的负罪感归咎于父亲身上，但同时害怕身体强壮的父亲会因报复而切掉男童心目中具有重要地位的阴茎。这种恐惧感被称作阉割恐惧。

解决这种冲突的一个方法就是让男童开始认同自己的父亲，期望长大后能变得和父亲一样高大强壮。他们将父亲的道德准则内化，这种新出现的对权威的敬仰反映了超我人格的发育，而超我是儿童将父母的要求作为道德准则而形成的人格部分。弗洛伊德把成年期人格中的许多方面都归结到恋母情结的成功解决，这些人格包括抱负、渴望、愧疚、道德观等。

▶ 弗洛伊德是如何解释女童的"厄勒克特拉情结"的？

弗洛伊德在解释女童的恋母情结时遇到了困难，因为他的心理过程理论与特定的身体部位联系过于密切，他的注意力过窄地集中在阴茎上。不过，女童没有阴茎，无需担心被阉割，那么女童怎么会产生恋母情结呢？弗洛伊德的解决办法是提出"厄勒克特拉情结"。厄勒克特拉是古希腊某悲剧作品中的人物，因父亲被母亲谋杀，她与哥哥合谋杀死了母亲，以此报复。弗洛伊德认为，女童意识到母亲没有阴茎，就失去了对母亲的尊重，转而更加珍视父亲。女童被阴茎羡慕所困扰着，并责怪母亲没能使自己具有阴茎。女童解决这个问题的办法就是认同母亲的生育能力，并意识到自己长大后也会像母亲那样生孩子，以此作为阴茎缺失的慰藉。于是，弗洛伊德拙劣地得出结论：因为女童不会受到阉割焦虑的影响，所以她们的超我人格要比男童弱。

▶ 潜伏期指的是什么？

性器期之后，儿童进入一个相对平静的阶段。大约从6岁至青春期，性冲动变得不是很明显,即潜伏了起来。性冲动转变成与性无关的一些追求,如上学、伙伴交往、游戏等。原欲要等到青春期才会重新出现。

▶ 弗洛伊德理论中的生殖期指的是什么?

生殖期开始于青春期,即十几岁左右。在这个阶段,生殖器成为主要的性感带。在这个阶段弗洛伊德没有把全部注意力仅仅集中在生殖器上,早期的性感带并没有消失,而是融入完全发育成熟的生殖器性欲中。口唇和肛门快感仍继续存在,但是从属于生殖器快感。成功进入这个阶段的人能够通过性交活动获得快感,与此相关的人格特质是具备了建立成熟、相互亲密关系的能力——给予和接受的能力。

▶ 现在如何理解弗洛伊德的性心理发育阶段?

弗洛伊德时代以来,心理分析有了很大改变。总体上说,弗洛伊德主要是把个体的某些人格特质和具体的身体器官相联系。虽然弗洛伊德理论中的性感带的确在儿童成长发育中起重要作用(婴儿期的嘴、幼儿期的排便训练、青春期的生殖器),但对于童年发育的心理分析不能仅仅局限于身体的几个器官。而且,即使感官快感和性器快感在童年期发挥了一些作用,但是现在已经没有心理学家像弗洛伊德一样再把性快感作为儿童发育的重点来进行研究了。

埃里克·埃里克森的社会心理阶段

▶ 埃里克·埃里克森的社会心理阶段有哪些?

埃里克·埃里克森(Eric Erickson, 1902—1994)是位精神分析学家,他重新阐释了弗洛伊德的性心理发展阶段,提出社会心理发展阶段观点,并将这个发展阶段延续至成年期。他把弗洛伊德对身体性器官的强调看作是对情绪和人际关系的发展过程的一种比喻。埃里克森划分的8个社会心理发展阶段有基本信任

感与不信任感,自主感、羞愧感和怀疑感,主动感与内疚感,勤奋感与自卑感,认同感与角色混乱,亲密感与孤独感,创造性与停滞,完整感与失望感。前4个阶段在童年期出现,后3个阶段要跨越整个成年期。

▶ 什么是基本信任感与不信任感阶段?

埃里克森的前4个阶段出现在童年时期,与弗洛伊德的性心理发育阶段相对应。基本信任感与不信任感对应弗洛伊德的口唇期,出现在出生后一年半之内。在这个时期里婴儿会对生活的环境形成初步的安全感和关爱感。如果婴儿受到很好的照顾,他的需求得到满足,那么婴儿会认为世界是一个基本安全、乐观的地方。如果婴儿没有得到应有的照料,婴儿会对世界形成基本不信任感,他们将认为世界是冷酷、危险的。这种基本世界观构成了以后所有心理发育的基础。

▶ 自主感、羞愧感和怀疑感指的是什么?

自主感、羞愧感和怀疑感对应弗洛伊德的肛门期,出现在18个月至3岁之间。这时对幼儿的自控力有新的要求,并且幼儿受到控制排便这样的身体机能控制训练。面对这些要求,幼儿第一次产生羞愧感。另外,这个阶段也是幼儿要求更多自主性的阶段。父母对于幼儿行为的不同反应使幼儿可能获得基本的自主感,也可能过度受到羞愧和怀疑感的困扰。

▶ 主动感与内疚感阶段会发生哪些变化?

紧接下来的发展阶段,主动感与内疚感,与弗洛伊德的性器期对应,恋母情结就发生在这个阶段。主动感与内疚感阶段出现在学龄前的3—5岁期间。在这个阶段,儿童已经具有主动性,能够设定目标并努力实现。然而,儿童也能够意识到并不是所有的目标都能为社会所接受,这标志着儿童道德发育的开始。这个阶段儿童的是非标准取决于对父母规定和禁令的简单理解。父母的反应不同,相对应地,儿童可能很好地发挥主动性、变得自信,也可能充满负罪感。

▶ 埃里克森的勤奋感与自卑感指的是什么?

这个阶段与弗洛伊德的潜伏期对应,出现在童年时代中期的6—12岁。弗洛伊德指出,这个阶段的儿童情感波澜较少,也是童年期发育相对平静的时期。儿童发育自我约束力和人际交往的能力,学会如何参与更广泛的活动。在工业化国家里,儿童要接受学校教育。如果儿童在这些努力中有成就感,他们就能对于自己的勤奋和学习能力很自信;如果他们不能掌握这个阶段应该有的技能,他们会觉得很自卑、无能。

▶ 认同感与角色混乱指的是什么?

这个阶段出现在青春期。这是童年发育之后的第一个社会心理阶段。埃里克森感兴趣的一个概念是自我认同感,他要研究的是个体在社交环境中是怎样发展出自我概念的。青春期后期,青年人要离开家庭的庇护在更大的社会环境中寻找自己的位置,在社会中承担成年人的角色。这个过程中的一个任务就是发展个体身份的认同感。我将会成为一个什么样的成年人?我将要选择什么样的职业?我的价值观是什么?我的信仰是什么?对丁青年人来说,不要人快结束这种身份寻找,把自己禁锢在一种过于僵硬的身份状态中,这很重要。但是他们也必须缩小选择范围,为自己选择一条可行的成长之路。不能成功渡过这个过程的人将在社会中具有发散、混乱的角色感。

▶ 埃里克森的亲密感与孤独感指的是什么?

刚刚进入成年期的一个挑战就是发展一段浪漫的亲密关系的能力。埃里克森认为,在建立终身伴侣关系之前必须要有牢固的个人身份认同感,我们在冒险与另外一个人共度余生之前需要具备充分坚定的自我意识。如果一个人不能很好地处理伴侣的亲密关系,那么他将变得孤独。虽然埃里克森主要论述的是异性之间的爱情与婚姻,他的亲密关系概念也包括个体参与社交团体的能力。埃里克森的社会心理阶段理论出版于1950年,值得注意的是当时大多数人在二十几岁时就结婚建立家庭了。从这以后,美国人结婚的平均年龄大大推迟了,还有单身和不要孩子的人数也增加了。因此,尽管现在埃里克森的理论也很受推崇,

但我们要把他的理论放在特定的文化背景下来看。

▶ 创造性与停滞指的是什么？

这个阶段出现在中年时期。到了这个阶段，人们已经基本上具备了牢固的自我意识，在社会上找到了明确的位置，也建立起了稳定的伴侣关系。在此之前，人们一直在关注自己及其建立的稳定生活。然而，到了创造性与停滞阶段，中年人开始把注意力转向下一代，帮助下一代人建立自己的生活。这种创造性需求的满足有多种方式，为人父母，在工作岗位指导青年人，或者为社区做些工作。创造性的对立面就是停滞，人们感觉自己陷在常规中，停滞不前。

▶ 埃里克森的完整感与失望感指的是什么？

这个阶段出现在晚年。到了晚年，人们开始面对生命的终点，面对即将死亡的现实。生命不是无休止的，生命是有终点的，而且终点即将来临。晚年期间是反思、回顾自己一生的阶段。一生的经历是否如你所期望的那样？有什么令你失望的事情吗？做了什么有意义的事情吗？如果老年人能够对自己度过的一生没什么怨言的话，那么他们就会接受死亡的现实。他们将获得一种完整感。如果老年人对自己的一生不满意，那他们会受到未完成的事业或失望的困扰，他们也将抱着失望的态度看待死亡。

玛格丽特·马勒

▶ 玛格丽特·马勒是谁？

玛格丽特·马勒（Margaret Mahler, 1897—1985）是匈牙利裔的精神分析学家，于1938年移民美国。1975年，她与安妮·伯格曼（Anni Bergman）、弗雷德·派因（Fred Pine）合作出版了《人类婴儿的心理诞生》（*Psychological Birth of the Human Infant*）。书中观点的提出是基于对儿童的直接观察的结果，这本书因此在精神分析领域影响很大。马勒将科学方法应用于临床理论中，从前没有精神分析学家愿意这样做。马勒大致上与约翰·鲍尔比（John Bowlby）和玛丽·安斯沃思（Mary Ainsworth）是同时代的人，约翰·鲍尔比和玛丽·安斯沃思是依恋理论的创始人，也是这个领域的开创者。

▶ 玛格丽特·马勒理论中的分离-个体化是什么？

马勒与她同时代的许多精神分析家一样，他们都相信成年人格的基础来自童年时期与母亲的关系。马勒理论主要论述的是婴儿的独立，婴儿如何从完全依附于母亲到发育成身体、心理上相对独立，她称这个发育过程为分离-个体化。马勒最感兴趣的是婴儿逐渐意识到自我的存在，并认识到自我与母亲是独立、分离的个体。正是婴儿在头脑中再现母亲的这种发育能力，才使婴儿独立于母亲。母亲不在身边时婴儿能够想到母亲并以对母亲的记忆来安慰自己。用马勒的话说就是婴儿内化了母亲。

把婴儿放在有玩具、有母亲在的房间里，玛格丽特·马勒观察研究婴儿如何经历分离-个体化过程。（图片来源：iStock 图像）

▶ 马勒的理论与以前的心理分析阶段理论有何不同?

在玛格丽特·马勒和约翰·鲍尔比之前,精神分析工作大部分依靠重建过程来了解童年时期的发育状况。换句话说,童年时期的发育观点是以对成年患者的观察为基础的。为了透彻了解成年患者的问题,弗洛伊德和他的助手们会重构患者的童年。最严重的精神病理学病例被认为是患者回归到童年早期时的状态,病情稍轻一些的被认为是回归到童年晚些时候的状态(如恋母情结时期),而对于真正处于童年时期的儿童的直接观察几乎没有。虽然马勒的观点也是基于公认的精神分析理论,但她加入了对儿童的真正观察。因此,马勒理论中对儿童观察部分的论述最具有持久力,而纯理论推理部分不具有同样大的影响力,这一点也就不足为奇了。

▶ 马勒是如何研究婴儿行为的?

马勒的研究对象是3岁以内的幼儿,她要对这些幼儿与母亲的互动做实时的观察。马勒建了一座实验室,后来实验室扩展为几个相连的房间,里面有些地方放置了椅子,母亲可以舒服地坐在那里,还有一些房间里放满了玩具。这种布置使幼儿可以选择待在母亲身边,或者离开母亲去探索到处是玩具的房间。对于母亲和幼儿进行系统的观察从幼儿四五个月开始,马勒认为分离—个体化过程从这时开始。

▶ 分离—个体化有哪几个次阶段?

马勒的分离—个体化共包括5个次阶段,前2个次阶段,即出生的头四五个月被认为是分离—个体化真正开始的先导阶段。后3个次阶段被称作分离—个体化的次阶段:分化期从婴儿四五个月开始至大约10个月左右结束,实践期从10个月左右开始至16或18个月时结束,和解期从18个月至2岁左右结束。幼儿脱离和解期后就进入了情感客体恒定性的开始,从2岁至大约3岁。

▶ 分离—个体化的先导阶段是什么?

马勒对于出生四五个月的婴儿观察较少,她关于婴儿前2个发育阶段的论述大部分来自前人的理论,而不是来自她对婴儿的实际观察。马勒利用接触、治疗患有精神疾病的儿童和成年人推测并形成了关于婴儿前2个发育阶段的观点。第一个阶段称作正常自闭期,出现在婴儿出生后的前2个月。通常认为在这一期间的婴儿对外部世界不感兴趣,只关注自己的身体需求。到了第二个共生期阶段,婴儿的注意力从自身向外转移,对母亲开始感兴趣,通过触觉来探索母亲,被母亲抱着时婴儿会紧贴在母亲身上,婴儿还会与母亲有眼神交流。但马勒认为共生期的婴儿不能区别自己和母亲,也就是说他们还没有将自己从母亲那里分化出来,婴儿还处在与母亲是一体的幸福幻觉中。

▶ 关于蛋的比喻是什么?

马勒喜欢用蛋的形象来描述婴儿的前2个发育阶段。在正常自闭阶段,婴儿似乎生活在只容纳自己的一个蛋之中,蛋壳把婴儿与外部世界隔开。在共生阶段,婴儿把母亲也包括进了自己的蛋中,即婴儿的整个世界中只有自己和母亲。

▶ 马勒说的"孵化"是什么意思?

马勒用"孵化"这个词来描述婴儿脱离早期的自我欣赏的状态,"孵化"来自前面关于蛋的比喻。大约5个月左右婴儿开始逐渐意识到外部世界的存在,并且对此产生了兴趣,这个过程好像是婴儿从蛋中孵化出来一样,最终从身体上、心理上进入这个现实世界。

▶ 次阶段分化期指的是什么?

分化是真正开始的分离-个体化过程的第一个次阶段。分化出现在婴儿四五个月至10个月左右,这个阶段也是马勒真正开始观察婴儿的阶段,孵化(hatching)指的就是这个阶段。此时婴儿开始对外面世界感兴趣,也是开始意识到与母亲的分离,这个过程很关键。婴儿开始脱离母亲的怀抱,爬向其他的地方,心理分离与身体分离同时出现。婴儿的很多行为表明他们逐渐认识到母亲是一个与自己分离的个体。其中有一个很有趣的行为,马勒称之为惯例

性探索，即婴儿会对母亲甚至是陌生人的脸进行有目的地探查。婴儿抓住成年人脸上的各个部位，推测哪些部分属于人体的一部分，哪些不属于，比如，眼镜会脱落下来，而嘴唇则不会。婴儿也把母亲的脸部特征和陌生人相比较。在这个阶段婴儿还会出现陌生人焦虑和分离焦虑，这都是婴儿意识到与母亲分离的信号。

▶ 次阶段实践期指的是什么？

这是马勒观察的第二个阶段，从10个月至16或18个月。在这个阶段幼儿的运动能力，即自己四处走动的能力有了飞跃性发展。大约8个月左右幼儿开始会爬，10个月左右通常能抓住家具站起来，至少能独自短暂地站立，大约12个月左右幼儿开始行走。这种戏剧般的运动能力发育从身体条件上加速了分离-个体化进程。幼儿能够自己到处走动的能力越来越强。

蹒跚学步的幼儿通常对于学会了走路十分欣喜。（图片来源：iStock 图像）

▶ 幼儿爱上了这个世界？

在次阶段实践期刚刚开始的时候，马勒将幼儿的状态描述为"爱上了这个世界"。他们开始对于这种新发现的能力和自由欣喜若狂。随着幼儿对于行走带来的小磕小碰不再十分敏感，分离焦虑也下降了。通常我们可以看到这个年纪的孩子从父母身边高兴地跑开，似乎自己是处于世界之巅。孩子们跑向大街，后面紧紧跟着吓坏了的父母。对于这个年纪的孩子，世界就像是牡蛎一样，而他们生活在其中，危险是不存在的。实际上，对于他们来说最大的不满来自束缚。

我们都看到过刚学会走路的孩子兴高采烈地在超市里面跑来跑去，而被放在学步车里时就会大声尖叫。

▶ 次阶段和解期指的是什么？

这个阶段出现在18个月至2岁左右。虽然马勒把这个阶段定位在2岁以前，但父母也许会将这个阶段看作是孩子的2岁叛逆期。马勒认为，幼儿从实践期兴高采烈的状态中清醒过来，认识到了自己处于独立的可怕困境中。孩子能够与母亲分离，母亲也能够与孩子分离。母亲不是孩子意志的延伸，而是一个独立的个体，不受自以为能力无限的孩子的控制。幼儿似乎意识到，自己仅仅91厘米（3英尺）高，是这个大大的世界中的一个小小的人。

幼儿处于矛盾之中，一方面是要获得更大自主性的强烈愿望，另一方面是因认识到自己控制世界的能力有限而带来的不可避免的悲伤。到了青春期这种心理冲突会再次出现，因此所造成的行为反应也很相似。马勒认为在次阶段和解期中幼儿处于极度矛盾之中，孩子可能紧贴在母亲身边，然后又突然推开她。耍脾气，总是自作主张也是这个阶段的表现。幼儿学会了说"不"，我们当然都听见过蹒跚学步的幼儿对于任何要求都大喊"不"。

▶ 什么是情感客体恒定性的开端？

幼儿在解决了和解期的心理矛盾后就进入了情感客体恒定性的开端。在这个时期，幼儿更加巩固了心目中母亲的形象，母亲可能同时具有好的和坏的特征。

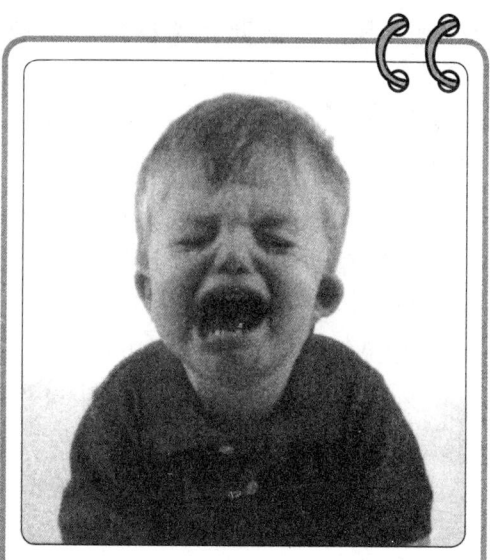

耍小孩子脾气是刚学会走路的幼儿的一个标记。虽然说幼儿可能非常沮丧，但他们也不仅仅是发脾气而已。幼儿对父母感到生气而发脾气这实际上是认知发育的标志，幼儿开始意识到他有自己的意愿，而且这种意愿正在被挫败。（图片来源：iStock图像）

183

幼儿既可以对母亲感到生气，也可以对母亲感到爱恋，而无需担心会失去这种母子之间的联系。甚至幼儿对母亲生气时他们也知道他们还在爱着母亲，也需要母亲。这种关于母亲积极和消极特征的融合有助于幼儿内化母亲，而内化又会使幼儿对于自己的情绪和行为有更大的控制力。由于对母亲记忆中的积极因素能够阻挡幼儿消极情绪的影响，幼儿不是十分害怕失去与母亲的这种关系。这时幼儿只是处于情感客体恒定性的开始时期，因为在头脑中同时保留对于某个人的积极和消极情绪是一种技能，是2岁的幼儿不可能完全掌握的。实际上，在人的一生中这种标记心理成熟的技能始终是个挑战。

让·皮亚杰的认知发展理论

▶ 什么是让·皮亚杰的认知发展理论？

让·皮亚杰是位瑞士心理学家，他的著作在讨论儿童的智力发育方面极具影响力。弗洛伊德和埃里克森提出了儿童性格发展的详尽的理论阐述，而皮亚杰与他们不同，皮亚杰研究的领域要窄一些，他只关注儿童的智力发育。他想了解的是儿童认识周围环境的方式。皮亚杰的与众不同之处在于，他认为儿童不但与成年人对周围环境的认知内容不同，而且认知结构也不同。这不仅是内容多少的问题，而且儿童的认知方式也是不同的。

皮亚杰提出了儿童智力（或认知）发展的4个阶段：感觉-运动阶段，前运演阶段，具体运演阶段，形式运演阶段。尽管皮亚杰在论述儿童智力发育时没有考虑文化、语言或环境的重要作用，但他的基本观点在教育心理学领域仍然具有极大的重要性和影响力。

▶ 皮亚杰的感觉-运动阶段指的是什么？

感觉-运动阶段出现在0—1岁。这个阶段大致与弗洛伊德的口唇期和埃里克森的基本信任感与不信任感阶段相同。在这个阶段，儿童只能依靠直接的身体接触了解世界，即儿童只能通过感觉经历（如触觉或视觉）、运动行为（如踢腿或握持）了解世界。

▶ 客体永久性是什么意思？

感觉-运动阶段中一个重要特点是儿童不具有表象的能力。也就是说，如果某个物体不在视野范围内，这个阶段的儿童在头脑中不能够保留该物体的形象。某个物体"见不到"，也就"心不想"了。皮亚杰的客体永久性阐述的就是这种现象。如果你把某物挂在儿童面前，然后拿走，儿童不会在看不到该物体时去寻找。他们的注意力会转向下一个感兴趣的物体。然而，8个月左右的儿童就能够搜寻被藏起来的物体。如果你把拨浪鼓藏在枕头下面，儿童会移开枕头去寻找拨浪鼓。

▶ 在前运演阶段语言起什么作用？

皮亚杰认为语言能力发育是认知发展的里程碑。语言，或者被皮亚杰称作符号功能，把儿童从此时此地的束缚中解脱出来。儿童不仅能够思考不是此时存在的事物，也能够用语言与别人交流关于这个不是此地存在的事物。语言能力的发育引领儿童走出感觉-运动阶段，进入前运演阶段。

▶ 皮亚杰的前运演阶段指的是什么？

前运演（pre-operational）阶段出现在3—5岁。在这个阶段儿童已经具备了表象的能力，即儿童能够在某事现场发生以外的时间里想到这件事。儿童不用依靠即时的身体接触就能够在头脑中再现某个事物或事件，这是儿童智力的巨大进步，思维不再受时间地点的束缚。但儿童对于时间地点的理解还很不成熟，我们可以想象得出，3岁儿童对于世界的认知当然与成年人是有很大区别的。

▶ 皮亚杰理论中的运演指的是什么？

皮亚杰使用"运演"这个词来指示头脑中对某个物体做出反应的能力。皮亚

杰认为,知识源于儿童对世界做出的反应,儿童通过直接感知世界来学习知识。皮亚杰所说的运演指的是儿童能够对世界或者说世界中的事物做出思维上的反应。

▶ 为什么说3—5岁的儿童处于前运演阶段?

在前运演阶段,儿童能够在头脑中对某事物的信息进行一些处理,但他们还不能全面地认识某事物。原因如下。其一,儿童不能进行可逆运演。他们不能理解物体能改变形状,然后恢复原状,例如体积守恒现象和质量守恒现象。其二,这个年纪的儿童不具备去中心化的能力,意思是说儿童一次只能注意到物体的一个特征,他们可能只注意到高度或者是宽度,而不能两者兼顾。因此,他们不能理解一个又高又细的容器怎么能和一个又矮又宽的容器盛装同样容积的东西。高一点的容器一定会大一些。小孩子坚称高个子的人一定比矮个子的人年纪大就是这个原因。

▶ 皮亚杰的体积守恒和质量守恒指的是什么?

皮亚杰做了一些实验研究儿童如何获得体积守恒和质量守恒概念。其中的一个实验是他向一个高而细的杯子里倒入一定数量的液体,又向另一个矮而胖的杯子倒入相同数量的液体。他询问儿童哪个杯子里的液体多一些。虽然年纪稍大一点的儿童能够明白两个杯子中的液体体积相同,但是处于前运演阶段的儿童会肯定地说高而细的杯子中的液体多。另一个实验是在儿童面前摆两个同样大小的泥质圆球。然后在儿童面前将一个球滚制成一个又长又细的形状。问前运演阶段的儿童哪个大时,他们会指向长而细的泥巴,甚至是亲眼看到泥巴被恢复成原来的圆球时他们也不改变答案。这个阶段的儿童不能理解物体改变形状后体积和质量守恒现象。皮亚杰也做了相似的实验来研究儿童对于数量和质量守恒的概念。

▶ 具体运演阶段是什么样的?

具体运演阶段出现在6—12岁左右,与弗洛伊德的潜伏期和埃里克森的勤奋感与自卑感阶段时间相当。处于这个阶段的儿童已经掌握了物质世界的基本规则,能够明白空间、时间的基本规律。这个阶段的明显标记是能够理解体积、质量、数量守恒概念及其他物理特征。同时，去中心化能力也是进入这个阶段的标志。儿童不再仅仅盯着物体的一个特征，而是能够协调观察几个特征，如高度和宽度，对于物体如何变化、如何不变有全面的理解。

◉ 对于进入具体运演阶段的儿童有什么样的社会意义？

前面提到儿童到了7岁就已经掌握物质世界的基本规律，但这并不意味着儿童已经可以离开父母独立生活，只能说这个阶段的儿童可以开始学习在社会中生存的基本技能了。在当代社会，这意味着去学校学习知识。在部族社会，7岁的男孩要从母亲的小屋搬出去，搬进男人和年长男孩所住的长长的屋子。在中世纪欧洲，7岁的男孩开始学徒。因此，埃里克森把这个时期称作勤奋感与自卑感阶段也不是偶然。既然儿童已经掌握了物质世界的基本规则，他就必须开始学习劳动的基本技能。

马克斯7岁了，他的年纪已经能够认识到高而细的杯子与扁而宽的碗盛装的牛奶体积是一样的——这里是1量杯的牛奶。这种对于体积守恒概念的理解是儿童进入皮亚杰所说的具体运演阶段的标志。[图片来源：罗杰·詹内科（Roger Jänecke）提供]

◉ 什么是形式运演阶段？

形式运演阶段始于大约12岁。12岁是青春期的开始，儿童在各个方面都有很大发展变化。皮亚杰指出，在青春期的众多变化之中也包括了认知能力的巨大变化。最主要的变化是青少年能有效地认识事情的可能性。具体运演阶段的儿童能够理解实际发生的事件，但他们还不能十分清楚地认识到可能发生或假

设发生的事件。因此,具体运演阶段的儿童更局限于目前或具体发生的事件。

▶ 什么是假设演绎法?

如果要求青少年解决某个问题,他们会想象出很多种可能的解决办法,这些想象出的办法称作假设。青少年能够设计方法检验每个假设,这种从假设中进行推理的过程称作假设演绎法,在科学实验中用到的就是这种方法。青少年具有假设演绎能力就能够在解决问题时运用系统的计划。相比之下,具体运演阶段的儿童在解决问题时更多的是利用反复试验的方法,他们只能思考实际发生的事件,而不能思考假设发生的事件。

▶ 皮亚杰的理论与我们所了解到的大脑发育有什么一致性吗?

皮亚杰的著作出现时间早于我们目前对大脑的研究发现,但他关于认知发育阶段的发现被现代神经科学所证实。皮亚杰研究的智力能力部分由前额叶控制,这个区域负责处理复杂认知过程。额叶是童年期最后发育的大脑区域,在10岁以前完成大部分发育。实际上,突触发生的高峰期是在出生后的前2年——皮亚杰的感觉–运动阶段。在10岁以前突触发生都是持续高速进行,使儿童进入形式运演阶段。额叶的髓鞘形成(即脑细胞外层能加速神经冲动的脂肪绝缘层)直到25岁左右才能完成,这也就是说认知发展在青少年时期远未完全发育。

▶ 进入形式运演阶段有什么社会意义?

因为青少年具备了较强的抽象思维能力——他们除了能够思考实际发生的事件,还能够思考可能发生或假设发生的事件——因此他们比以前获得了更大的自主性。青少年能够制订计划,考虑某些行为可能带来的后果,想出解决问题的另一种方法,或者修正自己的行为方式以取得有效的结果,而年纪小的儿童不具备这种能力。青少年还能够比小孩子更深刻地理解宗教信仰或政治信仰之类的抽象概念体系,人们从青少年时期起开始对政治运动感兴趣也是出于这个原因。儿童也许会模仿父母的政治信仰,但只有具备了一定程度上形式运演思维能力,他们才能真正思考自己的信仰应该是什么。

▶ **在形式运演能力的培养中环境和教育因素起什么作用?**

尽管皮亚杰低估了环境因素在认知发展中的作用,但许多研究表明成年人在与形式运演思维相关的认知技能上表现各异。皮亚杰以名校中的青少年为研究对象,这些学校会明确地教授科学方法的技能。因此可以看出,在皮亚杰设计的考查形式运演思维能力的测试中,来自非名校的青少年和成年人表现得不如受过名校教育的人那样好,这也没什么可惊奇的。然而,有证据表明,青少年和成年人在与他们日常生活相关的领域中都能表现出假设演绎推理能力。比如说,非洲卡拉哈里的布须曼人(Kalahari Bushmen)在分析动物踪迹时表现出很强的假设演绎推理能力。因此,形式运演概念似乎是正确的,但测试的方法要具有生态效度,即测试方法要与当时的环境相匹配。

科尔伯格的道德发展阶段

▶ **劳伦斯·科尔伯格是谁?**

劳伦斯·科尔伯格(Lawrence Kohlberg, 1927—1987)是道德发展研究领域的先驱。科尔伯格受到皮亚杰的影响对道德推理进行了大量研究。他同皮亚杰一样对儿童推理能力及其发展变化过程很感兴趣。实际上,皮亚杰也对儿童的道德发展做过研究,不过很有限,因此科尔伯格有更大的空间提出详尽的理论,他也因此而闻名。

▶ **科尔伯格使用什么方法研究道德发展?**

科尔伯格依靠编写短故事的方法做研究。他设计一个关于道德困境的情景,然后描述给试验对象,问他们在这种情况下会怎么做,为什么会这么做。科尔伯格更感兴趣的是人们做出道德选择时的推理判断,而不是他们实际的

选择结果。同皮亚杰一样，他们都是对思维过程更感兴趣。科尔伯格最著名的道德困境故事讲的是一个叫汉斯的男子，他为了挽救妻子的生命而进入药店偷药。

▶ 科尔伯格的道德发展阶段有哪些？

科尔伯格将道德发展阶段分成3个水平：前习俗道德、习俗道德、后习俗道德。每个水平又包括2个阶段，共有6个阶段。科尔伯格认为所有的儿童都要经历相同的阶段序列，并且顺序也相同。大量的研究结果表明，在道德发展的前两个水平中这个观点是正确的。但是有关第三个水平的科学依据不是很充足。科尔伯格对于成年人的道德推理判断也很感兴趣。研究表明，不同的成年人也的确显示出不同的道德发展阶段。

▸ 你会怎样处理这个道德困境？

劳伦斯·科尔伯格利用这个故事场景研究道德发展。他对于实验者的答案内容不是十分在意——汉斯是否应该去偷药——他想知道的是人们在做出道德选择之前的推理本质是什么。

在欧洲，一位妇女患上一种罕见的癌症，濒临死亡。医生认为有一种药可以救她，这种药是一种镭，同城的一位药剂师刚刚发现的。但这种药成本高，药剂师还索要成本价的10倍药费。药剂师花200美元买来镭，制成药剂的一小份就收2 000美元。这位妇女的丈夫汉斯四处借钱，但他只能筹到大约1 000美元，这点钱只够付一半药费。他请求药剂师能不能便宜一点儿把药卖给他或者他以后再付齐药费，因为他的妻子快要死了。但药剂师回答说，"不行，我发明了这种药，我就要从中赚钱。"于是，汉斯很绝望，他潜入药店，为妻子偷来了药。汉斯应该这么做吗？

［科尔伯格，1963年，转引自克雷恩（Crain），1985年］

▶ 科尔伯格的前习俗道德指的是什么?

前习俗道德是第一级水平,通常在10岁以前出现。其中包括两个阶段,第一阶段是必罚服从取向;第二阶段是个人主义和相互满足。在这两种情况下,道德观取决于某种行为会给行为者带来什么样的后果——是受到惩罚还是得到回报。在第一阶段,儿童将正确的行为等同于权威认可的正确行为。某种行为是对是错看事后是否受到惩罚就很清楚了:如果被惩罚,那么个体的行为一定是错误的。在第二阶段,儿童已经明白不同的人可能有不同的视角——正确还是错误看法不是唯一的。然而,道德观仍取决于事件的后果,即行为者是否受益。另外,人与人之间还存在着一种交换关系,如果他人可能报复或不合作,某种行为可能就是错误的。

▶ 科尔伯格的习俗道德指的是什么?

第二级水平称作习俗道德。其中包括两个阶段:第三阶段——良好的人际关系;第四阶段——维护社会秩序。两个阶段中行为道德由该行为对社会关系的影响决定。处于这个水平中的人们能够依据某种行为对人际关系的影响做出判断,而不仅仅从行为者的角度考虑。在第三阶段,人们考虑更多的是某种行为对于人际关系的情绪影响,如移情、关爱、减轻痛苦等。到了第四个阶段,人们认识到所有社会成员必须遵守社会规范,例如,人不应该偷窃,如果每个人都偷窃的话,社会将无法管理。

▶ 后习俗道德指的是什么?

第二级水平即后习俗道德。其中包括第五阶段——社会契约;第六阶段——个体权利和普遍原则。在这两个阶段中,人们更看重公正这样的抽象概念和公平的社会。在第五阶段,人们认识到社会规范及法律的必要性,但也认为法律本身也可能是不公平的。因此,符合道德的行为可能不符合法律。在第六阶段,人们认为抽象的、普遍的公平原则十分重要,而且法律应该服从于普遍道德准则。例如,人的生命应该比保护私有财产的法律条文重要。在科尔伯格的后期研究中,他放弃了第六阶段,因为他认为几乎没有人能实际达到这个阶段。

▶ 科尔伯格的理论遭到了什么批评？

科尔伯格最大的贡献是提出了道德发展依赖认知发展的观点。成熟的道德推理判断能力需要有一定水平的抽象思维能力做基础。然而，科尔伯格理论中智力发育占很大分量，似乎仅智力一项就可以解释道德发育成熟的过程，他为此遭到批评。批评者认为，他尤其忽略了环境的重要性。道德推理判断能力反映人们的生活环境状况，例如，生活在城市中的人们能够达到第四阶段，他们认为大家都应该遵守的客观规则十分重要；而居住在郊区的人们倾向于达到第三阶段，在那里人们将人际关系作为道德判断的基础。城市里的人际关系淡漠，人们的行为受到客观的成文法律的约束；在小村庄人们互相了解，行为则受到人际关系网络的约束。

▶ 卡罗尔·吉利根怎样评价科尔伯格的理论？

1982年卡罗尔·吉利根（Carol Gilligan）出版了著名的《不同的声音》(*In a Different Voice*)一书，对科尔伯格的理论提出质疑。吉利根认为，科尔伯格的理论有大男子主义的偏见，科尔伯格的实验者主体是男性，而且他对于抽象思维和客观法律的强调反映了他的男权偏见。吉利根指出，女性更在意移情、人际关系以及顾及他人的感受，因此女性更容易达到第三级水平。可这也并不意味着女性比男性的道德水平低，只能说是女性从不同的价值观做出推理判断。虽然吉利根的批评指出了科尔伯格将智力置于情绪之上的缺陷，但吉利根本身也因为过于简化女性的道德推理过程而遭到质疑。后来的研究表明，女性与男性一样，都不太容易达到第三级水平。通常女性和男性在做出道德决定时都会将正义与移情考虑进去。

文化的作用

▶ 所有文化中的儿童发展过程相同吗？

从基本的生物学角度来看，不同文化中的大部分儿童发育是相同的。所有

儿童的心理发展在很大程度上受到成长的文化环境影响。例如,有的文化不鼓励情绪的自由表达,尤其是在公共场合下。性别角色也因文化不同而不同。(图片来源:iStock 图像)

的孩子都是按照婴儿期、学步期、儿童期、青春期的顺序发育成长的。从学会走路、学会说话、学会玩耍，到最终学会参与到社会的角色中去。所有的孩子都对他们的家庭和主要的照看者有深厚的情感依恋。而且，所有的孩子都要在社会团体中找到自己的位置，在自我表现与自我抑制之间寻求平衡。但是，在这些大致的框架内儿童发育的很多方面也会有文化差异。

▶ **文化有哪些不同？**

虽然所有的儿童都要学习如何平衡情绪表达与情绪抑制，但在是否应该自由表达情绪方面，不同文化之间差异很大。有的文化重视内心深处情绪的公开表达，而有的文化看重情绪约束，认为公开表露情绪是粗俗的。强调依赖还是注重独立，发挥个性还是要求团队合作，尊重权威还是表现个体自由，也因文化而异。另外，不同的文化对于稳定与变化、宗教传统与科学思维也有不同的观点。关于智力发展的感知价值观，身体竞技能力，性开放程度，这些方面也常常因文化差异而表现不同。而且，不同文化中的性别差异非常大。不但不同的文化之间有差异，即使是同一种文化之内也会存在巨大的差异。处于同一种文化中的人们由于所处的社会经济层次不同，教育水平不同，成长环境不同而表现出多重差异。所有这些因素都将影响儿童成长的环境。

▶ **文化差异什么时候显现出来？**

在早期的发育过程中，文化影响让位于生理发育。但随着时间的推移，文化的影响力逐渐变得越来越大。在婴儿期、学步期、学前期文化影响微小，但到了童年中期，由于儿童接受具有本族文化特点的教育，文化差异变得重要起来。文化差异在青少年时期会变得更加尖锐，因为青少年要在本族文化中为将来承担起成人的角色做准备。

▶ **文化差异是如何使心理学理论变得更加复杂的？**

心理学是研究人的思想，目的是发现人类行为的普遍规律。由于心理学作为一门科学起源于西欧和美国，因此许多心理学理论显现出文化局限性。心理发展的很多方面从前被认为是具有普遍性的,但结果却是某些文化所特有的。这也不能说我们所有的经典心理学理论都一文不名了,只是我们在认定一种文化中存在的状态在另一种文化中是否存在时,必须很谨慎。

▶ 依恋模式中是否存在文化差异?

依恋理论研究的是儿童如何理解他们与主要的看护人之间的情感联系。但是,不同文化中的情绪表达、独立观、亲密关系的重视程度都不相同,因此依恋模式也因文化差异而不同。母婴之间的安全感调查在不同的几个文化中进行,其中包括日本、德国、美国。

有趣的是,安全型依恋婴儿(即那些相信会从母亲那里获得情感支持的婴儿)的比率在不同的文化中变化不大,只有在不安全型依恋中表现出文化差异。也就是说,没有一个国家的母婴关系是不健康的,但是母婴间不安全型的依恋模式在3个国家中各不相同。日本儿童比美国儿童更倾向于表现出焦虑—抗拒型不安全依恋,他们很难容忍与母亲分离。相反,德国儿童比美国儿童表现出更多的焦虑—逃避型不安全依恋,他们倾向于与母亲分离时尽量避免悲伤。这使我们想起了俄国小说家列夫·托尔斯泰(Leo Tolstoy)的那句名言:"幸福的家庭都是相似的,而不幸的家庭各有各的不幸。"

▶ 文化差异如何影响智力发展理论?

皮亚杰发现,在日内瓦或瑞士的其他精英学校里的中学生更可能表现出形式运演思维能力(皮亚杰理论中的智力发展的最高阶段),而这种能力在那些未受过同样严格的科学训练的青年人和成年人中则不易于出现。这种现象与他运用的特定的测验方法有关,测试要求受试者解答一些基本的物理问题。我们前面提到过,人们的智力是通过解决与自身环境直接相关的问题来发展的。因此,如果测验方法未考虑生态效度(生态效度是指某个测验方法与测试情境相适宜的程度)因素,那么这种方法就具有文化偏见。

婴 儿 期

◉ 出生后第一年的婴儿发育有多重要?

在出生后第一年里婴儿的成长变化比其他任何时候都大。一年里婴儿的体重变得几乎是原来的3倍,身高也增长了差不多1/3。而且,新出生的婴儿不会讲话,不能爬行,不能自行移动,甚至连头都无法抬起,但是一年后正常的婴儿就能够爬行,摆弄物体,开始学习走路和讲话了。实际上,人类在第一年中获得的许多能力,其他物种在出生前就具备了,例如,马和鹿一出生就能够行走。

◉ 第一年中有哪些重要的成长发育?

第一年中重要的成长发育包括社交性微笑(2个月)、笑出声(4个月)、能够协调眼和手玩耍物体(4个月)、坐起(6个月)、爬行(7个月)、吃固态食物(8个月)、扶着东西站立(10个月)、独立行走(12个月)、说单个的词(12个月)。

◉ 第一年中婴儿有哪些典型的身体、行为发育上的重大变化?

下表中列出了婴儿出现的重要发育变化以及大部分婴儿发生这种变化的大致年龄。但还应该认识到婴儿发育的时间也是有差异的。

第一年中的重要发育变化

典型年龄	重要变化
2个月	抬起头
2个月	社交性微笑
4个月	伸手够东西
6个月	独立坐起
7个月	爬行

典 型 年 龄	重 要 变 化
8个月	分离焦虑
8个月	陌生人焦虑
10个月	扶物站立
12个月	开始行走
12个月	说第一个词

▶ 新生儿都知道些什么?

毋庸置疑,新生儿头脑中并不具有那种成年人可随意使用的心理工具。从前认为新生儿是无助的、被动的,他们大脑一片空白。但是大量的研究表明,新生儿在来到这个世界时是具有一些技能的,这些技能大部分与感觉能力有关。这项研究表明,新生儿的这些感觉技能使他们能够一出生(某种程度上甚至是出生前)就主动地去认识这个世界。

▶ 我们怎样研究婴儿的视觉能力?

婴儿出生后就能够观察甚至是记住大量视觉信息。但婴儿不会说话,我们无法向他们提问,我们怎么知道婴儿在看些什么呢? 20世纪60年代早期,一位叫罗伯特·弗朗茨(Robert Franz)的心理学家设计了一个能够观察到婴儿瞳孔反应的仪器,利用该仪器就能够监测婴儿的视觉模式,这个发明带来了一场婴儿期研究革命。在婴儿面前同时放置两个物体,观察婴儿观看哪个物体的时间长就可以推测出婴儿比较喜欢什么。

▶ 婴儿出生时就具有的视觉技能有什么?

利用弗朗茨的方法并加以改进,婴儿期研究者发现,在曲线和直线,有图案和无花纹,有反差的图案和无变化的图案,某种形状的边缘和某种形状的中心,比较复杂的设计和比较简单的设计之间,婴儿比较喜欢前者。婴儿还喜欢看脸

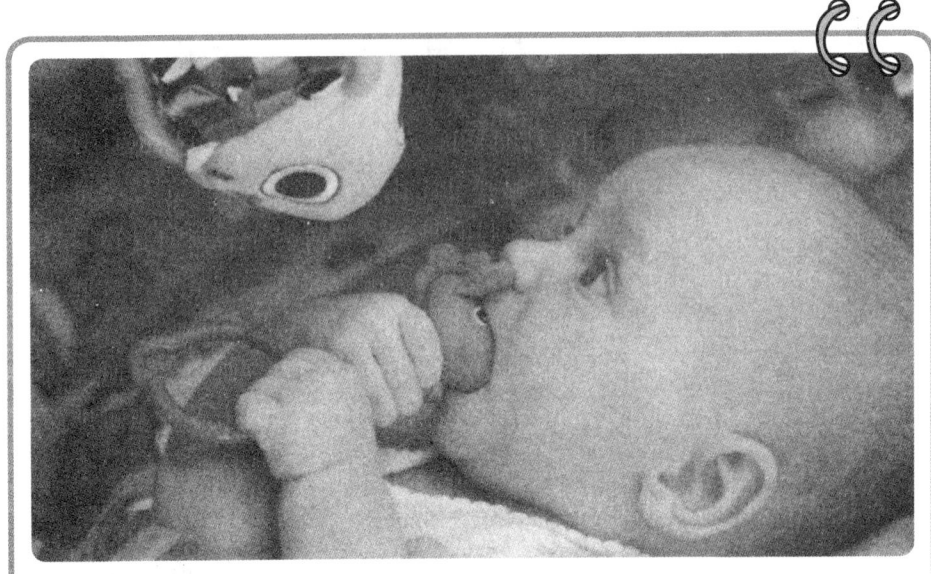

婴儿具有的某些视觉能力有助于他们辨认出父母并进行交流。与随意涂画的图案相比，婴儿更喜欢曲线和人的脸部图片。(图片来源：iStock 图像)

部图片，而对于杂乱涂画的脸部特征图片不感兴趣。婴儿只能看到20—25厘米（8—10英寸）远的东西。所有的视觉能力表现都为婴儿与母亲互动做好准备，尤其是为认出母亲的脸并看懂母亲的面部表情做准备。

▶ 新生儿还有什么其他感觉技能？

婴儿出生时就能够识别母亲的声音，因为母亲孕期的后几个月里婴儿就能够听到这个声音了。与男性低沉的声音相比，婴儿更喜欢女性高调的声音。儿语——使用那些调门高、简化、重复、韵律强的语言——在不同的文化和不同的语言中都有。成年人和大一些的儿童使用儿语来调整他们的言语模式以适应婴儿的语言能力。婴儿出生就具有完善的嗅觉及区分咸、苦、酸、甜的能力。

▶ 有什么证据表明婴儿具有记忆能力？

有大量证据表明婴儿具有学习的能力。婴儿出生后能立即辨认出母亲的声音,几天后能够识别母乳的气味。出生后的第一天由女性的声音来训练,婴儿能较长时间地吸吮乳头,而男性声音则无法做到。婴儿能够较长时间地观看新奇的图片,如果面对的是某个已经看过多次的图片,婴儿会很快转过头去。8天大的婴儿对于带了面具的母亲会做出与平时不同的反应,在吃奶的时候会更频繁地看母亲,似乎是觉察到有什么不一样。因此,婴儿在出生时就已经具备了在记忆中储存感觉信息的能力,并能够识别出与生存有关的重要东西。

▶ 婴儿出生时具有哪些生理反射?

下面列出了婴儿出生时具有的原始反射能力,其中的大部分在1岁时就会消失。这些反射很可能反映了我们在进化史上残留的一些痕迹。

反 射	表 现
巴布金反射	按压手掌嘴会张开
觅食反射	面颊受到触碰时,婴儿会转向刺激物,这为喂食做好准备
掌抓握反射	如果有物体接触婴儿的手掌,婴儿的手指会蜷曲并握住该物体
莫罗反射	婴儿被突然放下或受惊时,四肢向外挺直伸开
行下步反射	婴儿被竖直抱起,双脚接触到平面时,婴儿做出迈步动作
游泳反射	在水下婴儿能划动腿和手臂,屏住呼吸
巴宾斯基反射	脚掌受到轻触,脚趾上翘并张开

▶ 关于婴儿的主观经历我们知道些什么?

丹尼尔·斯特恩(Daniel Stern)是位婴儿心理学研究者,撰写的几本婴儿心理学书籍很有影响力。1985年他出版了《婴儿的人际世界》(*The Interpersonal World of the Infant*)一书,书中他提出了一个很有趣的问题:做一个婴儿有什么样的感觉呢?斯特恩不但研究婴儿具有哪些行为能力,而且他还很想了解从婴儿的视角是如何感知这个世界的。他的结论是,在婴儿看来世界并不是像一个连续播放的电影一样,而是一系列基本不相关的快照。婴儿最初感觉到的是刺激的模式,即影像、声音、气味、触摸刺激的韵律感,后来这些刺激的模式合并统

一成为物体,最后这些物体变成了日常惯例。经历了这个变化过程,婴儿明白了世界中自我的存在以及婴儿与他人的关系。

▶ 出生后的第一年中还会发展哪些社交能力?

婴儿出生就会去寻求人际接触并慢慢学会社交中的起落沉浮。婴儿学习辨认面孔和识别面部表情,在最初类似的对话中掌握自己的话语,读懂别人行为中的目的和含义。4—6个月时,婴儿能理解他们的照看者的面部表情。1岁的婴儿能够进行社会参照,换句话说,在他们拿起一个新玩具或接近陌生人时,他们要回头看看母亲对于此事有什么反应。如果母亲表现出焦虑或恐惧,婴儿将退回原位;如果母亲表情安静自信,婴儿将饶有兴趣地接触新事物。

这个小婴儿正在了解一个新奇的世界。看她是多么全神贯注,她对于这种面对面的交流十分适应。(图片来源:iStock 图像)

▶ 1岁以内婴儿的情感发育如何?

情绪是婴儿生存的重要心理工具。婴儿的情绪表达帮助他们传递一些基本信息,如现实的需要、身体舒适状况等。但婴儿出生时具有的情感系统还很不完善,他们只能表达两种情绪:悲伤和平静。婴儿仅具有这两种总体的情绪状态,而不是像成年人那样有丰富的情绪以及情绪间的细微差别。6个月时婴儿开始表现出离散情绪,他们利用面部表情、声音、身体动作表达自己的高兴、悲伤、愤怒、吃惊、恐惧等情绪。

▶ 什么是气质?

这一章我们都在讨论环境对于婴儿成长发育的影响。但是,也有很多研究观察婴儿出生就具有的特征,这些特征称作气质。气质是天生就有的,而不用依靠后天学得的。1956年,亚历山大·托马斯(Alexander Thomas)和史黛拉·翟斯(Stella Chess)开始了一项长达几十年的气质研究。他们根据活跃水平和对刺激压力的反应提出了9种气质维度。

这些气质维度包括:活跃水平、规律性、主动性/退缩性、适应性、注意力广度、坚持度、反应强度、反应阈限、心境。最近,玛丽·罗思巴特(Mary Rothbart)把托马斯和翟斯的气质定义简化为两大类:反应性和自我调节。她所定义的气质维度包括活跃水平、微笑和大笑、恐惧、受限后沮丧、易安抚性、持续定向。

▶ 随着时间的变化气质会保持稳定不变吗?

几项研究表明,随着时间的变化气质具有较低或中等程度的稳定性,也就是说在如何应对刺激、自我抚慰能力以及自我控制能力方面儿童是会变化的。在2岁以前气质是最不稳定的,但之后就变得比较稳定了。

▶ 气质是由基因决定的吗?

最早的气质研究在几十年前就开始了,当时还没有像现在这样的基因革命。那时,没有什么办法能够区分基因影响和环境影响。但现在越来越多的证据表明基因决定着各种人格特质。在善于社交与害羞、冲动、愤怒控制、焦虑等方面的个体差异都是由基因差异造成的。因此,气质具有遗传性的说法得到了现代研究的证实,这种气质从童年早期就显现出来并会带入成年期。

▶ 成长环境会影响气质吗?

虽然气质被认为大部分是天生的,但有确凿证据表明气质受环境影响。在托马斯、翟斯、罗思巴特提出的气质维度中有一些可能受到父母行为的很大影响,尤其是在与积极的情绪和消极的情绪相关的维度上。而且,即使是遗传的特质也会受到环境的很大影响。因此,对于儿童表现出的某种特质,父母、家庭、周

围的人所做出的反应能够改变这种特质的表现方式。

例如，极度焦虑和易受惊吓的儿童很容易患上焦虑障碍和抑郁症，但如果温和地鼓励这类儿童扩大对社会刺激的容忍度，他们就能够避免产生社会焦虑。虽然这类儿童可能永远都不会成为喜欢社交的外向型人，但他们仍然会有一定的社交能力。以此类推，外向型和乐于寻求刺激的儿童很容易患上冲动障碍，比如滥用药物、有攻击行为和违法行为。但如果给予这类儿童适当的引导和限制，他们也能学会有效地控制自己的冲动。

学 步 期

▷ 在学步期，语言起什么作用?

开始学步的幼儿与婴儿之间的一个基本区别是语言的运用。为什么语言很重要呢? 语言是象征性思维的载体。与家具或食物不一样，话语本身没有什么用处，唯一的用途在于能够象征其他的东西。"象征其他的东西"为什么很重要呢? 象征性思维能力把儿童从此时此地的束缚中解脱出来，话语可以把儿童带入未来，带回过去，带到任何可以想象得到的地方。当然，话语也是交际的重要工具。儿童会讲话之前，父母只能猜测儿童的需求; 儿童学会讲话之后，就能够告诉父母他们的需要是什么了。

▷ 语言的前身要素有哪些?

婴儿出生后几个月就出现了语言的若干前身要素。首先，婴儿必须具备本族语复杂发音的能力。2个月时婴儿开始呀呀地发出声音，或者说是做元音的发声练习。4个月的婴儿进入牙牙学语阶段，主要是练习辅音和元音的组合。从这时起婴儿的语言变得逐渐复杂，在为学习母语做准备。大约10个月左右婴儿的咿呀声变得非常有韵律感，模仿母语的音调和节奏。

在婴儿咿呀声音中带有明显的情绪成分。实际上，聆听10个月大的婴儿在用毫无意义的词语很明确地传递情绪和目的时，十分有趣。例如，一个11个月大的孩子爬上了母亲刚才坐过的椅子,拿起了母亲的咖啡杯,看了看桌边刚才和母亲交谈的成年人,把胳膊肘放在桌子上,立刻开始了他咿呀式的谈话,"啊吧嘟波哒,嘟嘟吧喔吗!"婴儿表现得目的明确。"他以为他在和你谈话,"婴儿的母亲解释道,"他想加入我们的对话。"

▷ 语言能力是如何发展的?

幼儿在满1岁时就已经掌握了一定数量的单词。这个时期,这些单词可能具有过分广泛的含义,"猫"可能用来指任何四条腿的动物,"公共汽车"也许会包括所有带轮子的交通工具。幼儿快要满2岁时,单词的用法变得比较准确,幼儿能够将2个单独的字组合成一个词。这种现象称作电报式言语,即言语中表达的仅是最有意义的信息(例如,"要果汁""要糖")。这一阶段的幼儿能掌握差不多200个左右单词的词汇量。3岁时,幼儿能把越来越多的单词组合在一起,最后形成一个完整的句子。幼儿学习单词的速度大致是每周1—3个。

▷ 语言发展的典型阶段是什么?

下表列出了语言技能发展的典型时间。

年　龄	技　　　　能
2个月	咕咕声——发出元音("哦")
4个月	咿呀声——辅音—元音组合("吧"、"吗")
7个月	咿呀声——母语的发音
10个月	母语的发音及音调——("吧、吗、吧、吧")
1岁	最初的单词("妈"、"爸"、"不"、"鞋")
2岁	200个单词的词汇量,2个单词的发声,电报式言语("要果汁""妈妈起来!")
3岁	句子
4岁	符合语法规范的句子,通常犯些错误,如动词的曲折变化
6岁	10 000个单词的词汇量

▶ 儿童是如何发展自我概念的?

在学步期另一个重要的发育阶段是自我形象的发展。这并不是说儿童在此之前没有自我意识。从出生一开始,婴儿通过自己做出的动作与相应的身体感觉之间的联系能够感觉到自我身体的存在,比如他们踢被子,能够感觉到脚上的被子的存在。但是,婴儿没有自我的概念、一个关于"我"的思维影像。

学步期的幼儿发展出自我的概念,自我是一个独一无二的个体,自我有目标有欲望,能够对环境做出反应,与他人互动,其他的人也会对"我"有情绪反应。这一心理学的巨大飞跃在很多方面表现明显,如人称代词的使用(我、我的)、自我意识情绪的出现(羞愧、尴尬)、镜像识别。

▶ 学步期的幼儿什么时候开始使用人称代词?

大约2岁时幼儿开始使用人称代词。他们称自己为"我",称他们拥有的东西(或希望拥有的东西)为"我的"。在使用人称代词之前,学步期的幼儿可能称自己为"宝贝"或者用自己的名字来称呼。或者,在表达愿望时幼儿可能仅仅使用动词和名词("要果汁"),不会把自己作为愿望的出发点。

▶ 占有行为与学步期的新自我概念有何关系?

自我概念和个人财产概念对于学步期幼儿来说是刚刚获得的不成熟的概念,幼儿通常以极大的热情维护自己刚占有的领地,因此他们会变得占有欲非常强。在这时幼儿的照看者必须让幼儿了解分享的概念。学步期的幼儿必须开始学习自我控制和社会期望。但是要求幼儿接受带有主动性的自我牺牲的想法很难,父母对于新近变得独断的幼儿不要不现实地期望幼儿会表现得慷慨大方。

▶ 自我意识的情绪是如何反映自我的?

自我意识的情绪是自我概念的另一个结果。如果一个人没有自我概念,他就不会觉得羞愧。羞愧、尴尬、自豪、嫉妒这些情绪从18个月起就开始表现出来了。幼儿低垂眼睛,把脸藏起来,或低下头时,他们很明显表现出了害羞或是尴尬。虽然这些情绪对于幼儿来说可能很痛苦，但这些情绪是社交行为的重要工具。人类是彻头彻尾的社会性动物，儿童只有学会抑制自己的各种冲动和情绪，才能在社会中担当自己的职责。自我意识的情绪创造了内在的动机系统，帮助人们避免做出社交不适宜行为，同时寻求社会支持。

▶ 什么是镜子测试?

镜子测试是一个著名的实验，用来研究儿童的自我概念。在儿童的鼻子上做一个记号，把他放在一面镜子前，他可能去触摸镜子影像上反射出来的记号，也可能触摸自己鼻子上真实的记号。触摸自己鼻子的儿童能够认出镜子中的影像是自己的反射。大部分儿童在18个月大时就能够通过这个测试。有趣的是，这个实验也被用来测试了几种大型的猿类。只有一小部分的黑猩猩、红毛猩猩、大猩猩通过了镜子测试，即使在成年猩猩中也是如此。一般来说黑猩猩要比其他猿类表现得好一些。

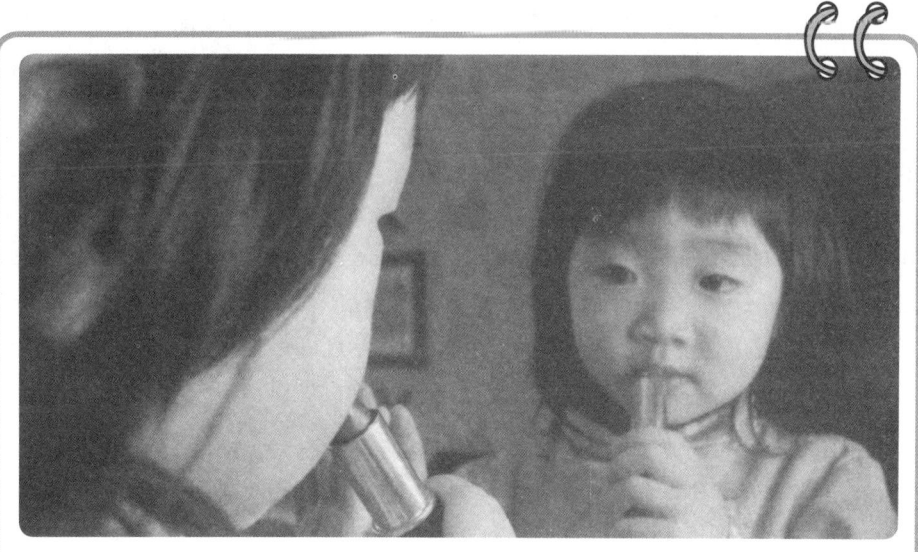

镜子测试告诉我们儿童自我概念的形成。1岁以内的婴儿不能识别自己在镜中的影像，婴儿对镜子很好奇，但却没有把自我和镜中的影像联系在一起。相反，稍大一些的儿童能够清楚地意识到镜中照出来的就是自己。（图片来源：iStock 图像）

▶ 学步期儿童如何发现自己是有意愿的？

与幼儿刚刚发育的自我概念同时出现的还有强烈的意愿感。学步期幼儿发现他是一个独立的个体，有自己的目标。而处于婴儿期时，他们对这个世界做出反应只是广泛意义上的悲伤或满意。糟糕的事情发生，他们就不高兴，如果情况发生了改变，他们又变得满意了。从这一点来看，婴儿期的情绪反应大部分是被动的。然而，随着年龄增长，幼儿不再像从前那么被动，而是变得更加主动了。他们学会追求能够带来快乐的事情，避免能够造成不愉快的事情。儿童的这种依照自己的情绪反应来影响环境的愿望就是意愿的基础。儿童具有意图。遗憾的是，儿童一旦发现了自己拥有意愿，他们也就会发现自己的控制能力有限的事实。期望某事成为现实并不能使它真的成为现实。而且，自己的意愿也不一定与别人的意愿一致。

▶ 学步期儿童为什么爱发脾气？

学步期儿童发现自己意愿的存在，他们也就不可避免地要面对意愿受挫的现实，这使儿童非常伤心，沮丧感可能演变成一场大发脾气。要小孩子脾气与婴儿期的悲伤感是不一样的，这种发脾气不仅仅是对消极情境的简单反应，而是一种愤怒的、大胆的抗议。这个时期的儿童发脾气不仅是因为他们对于某个具体事件感到生气，而且因为他们对于意愿受挫这件事本身很愤怒。在这种情况下，儿童被激怒，儿童的意愿被阻挠，这就是使他们生气的原因。

学步期儿童需要些时间来适应这个冷酷的、难以接受的事实。在此期间，父母应该以敏感且耐心的态度来对待孩子。父母应该尽量避免与孩子发生不必要的力量角斗，父母应该制订适当的限制，即使这些限制使孩子发脾气。处于这个阶段的儿童正在学习适应世界本来的面目，世界也许不是他想要的样子。对于儿童发脾气的过度忍让会阻止儿童挫折忍耐力的发展。

▶ 学步儿童的语言是如何反映认知发展的？

在下面的例子中，学步儿童的语言揭示了重要的发育过程。凡妮莎（Vanessa）在两岁半时能够说完整的句子，已经清楚地了解第一人称所属格的用法。她对"我的"的强调用法反映了自我感发育的重要阶段。她认为在与母亲的关系中，自己享有特权(即使不足把母亲占为己有),这种想法也反映了母亲—孩子之间依恋关系的重要性。从认知的角度来说,凡妮莎处于皮亚杰所说的前运演阶段。在与外祖父的关系中,她还意识不到自己不能既是外孙女又是外祖父的角色。

大卫(David)的言语在很大程度上仍像电报那样简短。他对于汽车发出的声音("呜呜")感兴趣,这反映了在语言发展过程中感觉–运动阶段的重要性。大卫对汽车司机的性别也很感兴趣,说明他对成年男性产生了迷恋感。在这个阶段,小男孩第一次意识到他们自己的性别与母亲不同,他们是男孩而不是女孩,这也是与母亲分离进入个体化的一个基本步骤。

几个月之后凡妮莎和母亲朱莉(Julie)去看望亲戚,下面是当时的几段对话。

外祖父巴巴(Baba):凡妮莎,你今天真漂亮!

凡妮莎:(停顿)巴巴是我的外孙女和我的外祖父!

叔叔丹尼尔(Daniel):你想和苏珊(Susan)在电话里聊聊吗?

凡妮莎:苏珊! 丹尼尔是我的叔叔!

叔叔丹尼尔:凡妮莎,朱莉是我的姐姐,我是朱莉的弟弟。

凡妮莎:(停顿,明显有些吃惊)

　　　　朱莉……是……我的妈妈!!!

　　　　朱莉……是……我的妈妈!!!

(重复5次)

大卫2岁时不像他姐姐凡妮莎当时那样语言表达能力强,这在男孩中也是正常的。下面的对话出现在大卫看到姐姐乘校车去幼儿园时的情景。

大卫:达娅再见呜呜男的! 达娅再见呜呜男——的!

妈妈:(翻译)他的意思是说"凡妮莎坐着由一个男人驾驶的校车走了"。

▶ 学步期儿童对于性别有怎样的理解?

到了3岁时,学步儿童能够理解他们自己可以归属于不同的类别。尤其是

他们知道了自己属于一个特定的性别——男孩或是女孩。对于小男孩来说,知道自己的性别是一个相当重大的发现,这种新发现的性别区别标志着男孩与母亲之间有一次戏剧般的分离。小女孩是"女生",和妈妈一样;小男孩是"男生",和妈妈不一样。这个年纪的小男孩开始迷恋成年男性,他们像是充满了崇拜之情的小狗儿一样四处跟着成年男性。这并不是性取向的早期迹象,仅是小男孩对于一种新的角色英雄式的崇拜。

学龄前时期(3—5岁)

▶ 学龄前时期有哪些主要发展?

学龄前时期的发展没有婴儿期和学步期变化那么巨大,但仍然保持着较快的速度。学龄前时期身体结构发生了明显的变化,体内脂肪变少,四肢变长,腹部变平。由于身体长高了,儿童的头和腹部不那么突出了,看起来像一个真正的"儿童"了,而不是一个"婴儿"。另外,大脑持续迅速发育,尤其是左半球,小脑、额叶发育很快。与大脑发育相对应的是其他方面能力的迅速增长,如语言能力、运动协调能力、认知能力和自我控制能力。

▶ 学龄前时期有哪些认知发展?

总体来说,学龄前时期认知发展一直在高速进行着。语言能力有所提高,儿童具有计算能力和游戏能力,甚至开始读书、写字,这都反映了这个时期儿童认知能力的进步。象征性思维的发展尤其重要。

▶ 学龄前时期的象征性思维有哪些进步?

学步期儿童学会了在头脑中想象出不在眼前的东西,而学龄前儿童则能够在头脑中思考某物或某事。换句话说,学龄前儿童具有想象的能力。他们不但能想到不在眼前的东西,而且他们还能够在头脑中改变所想到的事物。这种具有重大意义的转变使儿童具有扮演角色、幻想，甚至会说谎的能力。

▶ 什么是奇幻思维？

想象力先于逻辑能力而产生。因此，学龄前儿童易于产生一种称作奇幻思维的推理能力。儿童头脑中会生出未经成熟逻辑验证的因果关系假设，例如，带有迷信色彩的谚语"踩到裂缝，你妈背痛"就反映了这种奇幻思维。以此类推，儿童可能认为雨滴是上帝的眼泪，雷声是巨人在挪动家具。

奇幻思维的另一个方面表现在"万物有灵"思维中，即儿童赋予无生命的东西以生命特质，如愿望、恐惧、思想、意图。例如，风把门吹开了，他也许会说"无影先生打开了门"。与儿童奇幻思维倾向相一致的是这个时期的儿童尤其容易被虚幻故事所吸引，成年人很高兴看到儿童热衷于幻想，这也是为什么无论是圣诞老人还是复活节兔子之类的故事能够一直传讲下去。

▶ 为什么夜晚儿童会在壁橱里看到怪兽？

在学龄前儿童还不能清楚地区别外部现实与幻想时，他们就具有产生幻想的能力。缺乏辨别幻想与现实的能力会带来弊端。在学龄前儿童看来，恐怖故事似乎就是真实发生的，即使告诉他们故事是假的，他们也无法改变想法。许多学龄前儿童夜晚很害怕壁橱里的怪兽，虽然开着灯时他们可以看到壁橱里只有衣服，但他们担心关灯后衬衫、裤子会变成怪物。这种现象与皮亚杰提出的前运演思维有关。儿童还没有牢固地掌握物体变化和保持原状的概念，这个变化多端的世界有时会变得非常可怕。

▶ 学龄前时期玩些什么样的假扮游戏？

随着儿童幻想能力的出现，他们非常喜欢玩假扮游戏。他们喜欢把自己装扮起来，假扮父母、过家家，或是模仿他们生活中的成年人角色，如老师、消防员、医生。虽然在学步期也有一些明显的假扮游戏，但学龄前儿童的假扮游戏更加复杂。学步

儿童可能假装在打电话或穿上妈妈的鞋子，但学龄前儿童会演出整个故事，其中不同的儿童在游戏中会担当不同的角色。

▶ "心智理论"的含义是什么？

心智理论是指领会思维本质以及承认人们通过自己的信念体验世界的能力。懂得所有人都有自己独特的思考方式是在童年时期逐渐形成的。在学龄前时期，儿童掌握了错误信念的概念。换句话说，儿童掌握的是：我们的信念与外界的事实不符，一个人的信念与另一个人的信念不同，我们的信念塑造了我们的行动。这一技能的发展是儿童处理人际关系的社交能力至关重要的一步。患有自闭症这种精神障碍的人缺乏人际交往能力，他们被认为缺乏适当的心智理论。

这些儿童正在玩假扮游戏。儿童在学龄前时期会显现出这种幻想能力。（图片来源：iStock 图像）

▶ 什么是错误信念任务？

通过使用大量的错误信念任务可以研究学龄前儿童所理解的心智理论。在一个试验中，拿两个盒子给一个儿童看，其中一个盒子标有"创可贴"，另一个没做任何标记，然后问儿童哪个盒子里装有"创可贴"。大部分儿童会指向有标记的盒子。随后让孩子们看到创可贴实际装在了没做标记的盒子里。接下来，让孩子们认识一个叫做潘姆（Pam）的木偶，并让他们指出木偶潘姆会认为哪个盒子里装有创可贴。一般3岁大的孩子会指向没有做标记的盒子，而4岁大的孩子一般会指向有标记的盒子。如此，这个试验向我们展示了理解木偶潘姆的错误信念。

▶ 学龄前时期如何提高自我控制?

学龄前儿童发展所面临的一项重要挑战是控制情绪与冲动。尽管这一过程的萌芽显然始于学步期,但是我们并不能从3岁以下儿童的身上期待更多的自我控制。然而,到了学龄前时期,儿童的自我控制能力显著提高。这一年龄段的儿童掌握了控制冲动和情绪的各种策略。当面对消极情绪时,他们学会分散自己的注意力或者改变自己的目标(比如,放弃大家都争抢的玩具而去玩一个新的、可玩的玩具)。他们还使用语言调节自己的行为,大声提醒自己应该怎么做。还有,他们理解自己情绪和他人情绪的能力也在增强。他们使用更多的感受用词,更好地理解情绪如何激发行为。儿童的这些发展都具有重要的社会意义。

▶ 学龄前时期友谊起着什么样的作用?

伴随着自我控制、社交理解和情感意识的深入发展,研究的重点集中在与同伴交往关系上。学龄前儿童具备了与同伴交往的基本能力。尽管学步期儿童对同伴产生兴趣,但若没有成人的持续干预,他们并不能与其他儿童建立友谊。相反,学龄前时期的儿童却能够与其他儿童保持重要的情感关系。学龄前时期的儿童能交朋友,但这并不意味着学龄前友谊完全成熟了。恰恰相反,这一阶段的友谊相当不稳定,经常出现裂痕,往往一点小矛盾就会导致一段友谊的终结:"强尼再也不是我的朋友了!"不过庆幸的是,不快的时光通常很短暂。一旦矛盾化解,友谊就会继续下去:"好吧,强尼,你还可以做我的朋友。"

▶ 学龄前时期儿童语言的例子有哪些?

下面的几段对话发生在四五岁的乔什和比他大两岁的姐姐艾利克斯之间。这些对话都是他们的母亲录制的。请注意处于学龄前时期的乔什是怎样着迷于幻想和富于想象力的思维。虽然他的语言技能不错,但他并没充分理解逻辑规则或者现实与想象之间的差异。相反,他的姐姐艾利克斯则处于皮亚杰认知与发展理论的具体运演阶段。她这个年龄的孩子能够理解转换的基本规则、物体和人如何发生变化以及他们如何保持不变。

乔什：海豚可以站在自己的尾巴上跳舞，还能一下子坐在自己的肚子上。

妈妈：它们怎么能在尾巴上跳舞呢？

乔什：因为它们穿着紫色的鞋子。

乔什：我长大以后要当一辆火车。

艾利克斯：你不可能变成动物或是机器。你得变成一个男人，因为上帝就是这么创造你的。你可以成为任何一个你想要成为的人，比如说医生或老师，但是你必须得成为一个人，因为事情就是这样的。

（乔什和艾利克斯在抢玩具。）

艾利克斯：咱们交换吧。

乔什：好吧，那我两个都要。

乔什：不行，你早饭不能吃那个。早饭只能吃放在冰箱上面的东西。

▶ 学龄前时期的儿童怎样理解道德？

随着自我控制与社交能力的提高，学龄前的儿童逐渐开始有道德感。儿童对于道德问题的初步理解往往体现在他们的假扮游戏中，最常见的是"警察与小偷"和"坏人最后被送进监狱"的游戏。这一年龄段的儿童掌握了对与错、好与坏的基本概念。这些概念很大程度上建立在成人行为的基础之上。如果成人告诉他们一种行为是错误的，尤其是当他们因为这个行为受到惩罚的时候，他们就明

到6岁的时候，男孩和女孩都愿意花更多的时间与同性玩伴而非异性玩伴在一起。（图片来源：iStock图像）

白这个行为被认为是"错的"。但是,学龄前时期儿童的道德观念是很原始的,这些观念过于单纯、死板,有时甚至是自私的。当姐姐建议蛋糕一人一半的时候,一个5岁大的儿童这样回答姐姐,"好吧,我们可以分着吃,但是我两个都要。"

随着时间的推移,儿童开始将父母的道德标准内化,他们对道德的理解既基于父母的言语,也基于儿童自己的对错标准。同时,随着儿童认知系统的发展,他们对道德的理解逐渐复杂。父母教授道德观念和灌输自我约束的方式深刻影响着儿童发展成熟、有效的道德标准的能力。如果父母的教育过于死板和严厉,抑或过于放任、专断或不连贯,那么儿童对于是非的理解将受到妨碍。如果父母能够解释道德标准并指出攻击行为给他人带来的影响,儿童将会获得更好的社交技能。

▶ 这一年龄段有哪些明显的性别差异?

到4岁的时候,在做游戏和选择游戏伙伴时,男孩和女孩的表现明显不同。到6岁的时候,儿童跟同性伙伴在一起的时间是跟异性伙伴在一起时间的11倍。尽管个体差异较大,但总的来说,男孩比女孩更愿意参加一些不合规则的打斗游戏,更易在语言和肢体上攻击同伴,进行一些人数众多的群体活动。而女孩则更愿意参与一些有语言交流、体现运动技巧的活动中,她们对自己和同伴在情绪方面的反应也更加敏感。

女孩也通常以另一种方式攻击同伴。她们不太希望发生肢体上的冲突,而更愿意挑拨别人的关系,破坏对其他女孩来说很重要的人际关系网。具有性别特征的行为会受到环境的强烈影响,并且不同性别的社会化方式在不同文化中也有着巨大的差别。但是,性别差异总是有着明显的生物学证据。其中,雄性激素、雌性激素等性激素似乎起着重要的作用。

学龄期(6—11岁)

▶ 学龄期的主要变化有哪些?

学龄期是从6—11岁(也被称作童年中期),是相对平稳的一段时期。这一

时期的儿童已经掌握了认知、语言、情绪及社交等方面的技能，并能参与社交活动。虽然学龄期儿童还需要成人的诸多指导，不能独立参与社交活动，但是作为社会的新成员，他们已经做好了参与社交活动的准备。他们能学会成人的一些基本行为，能建立和处理同伴关系，也能理解和遵守社会规则。相比之前的婴儿期和儿童早期的各种需求，以及之后即将到来的青春期的剧变，许多父母认为这一时期是养育子女过程中最轻松的时期。

▶ 为什么把学龄期叫做潜伏时期？

弗洛伊德把这一时期称作潜伏期。之前的性心理时期出现的强烈情绪在这一阶段将得以消解，销声匿迹，并将在青春期再次出现。潜伏期儿童把精力都集中于各种技能的获得上，尤其是那些在学校里获得的技能。埃里克森在勤奋感与自卑感阶段中也提到了这一点，他认为潜伏期是儿童获得技能的主要阶段，对他们的基本能力有着深远的影响。

▶ 这一时期有哪些运动发育出现？

这一时期儿童的生理发育表现出连续且均匀的特点，并不会出现特别明显的生理变化。然而，一些重要的变化确实在发生。儿童的身高和体重在不断增长，身体发育主要表现在下肢部分。他们长得越来越高，体内的脂肪逐渐减少，骨骼在不断伸长，婴儿期和学步期主要的特征——圆圆的脸和肚子——渐渐消失。运动协调性在不断增强，广泛运动技能和精细运动技能也都有了很大的进步。协调性、平衡感、灵活性和力量等方面的发展使得他们能够学会一些诸如写字、绘画等方面的技能，并能参与到一些复杂的、体力强度较大的运动当中。

▶ 这一时期出现了哪些认知方面的变化？

在皮亚杰的认知发展理论中，学龄期儿童处于具体运演阶段，这就意味着他们能够理解物质世界，并且懂得客观物体在时间和空间内的运动形式。或许对于6岁的儿童来说，还不太理解什么是"守恒任务（Conservation tasks）"？但到 7 岁的时候,大部分儿童都能够理解这些概念了。

其他的一些认知技能也非常重要。学龄期儿童拥有一个更复杂的分类认知系统。他们能理解物体可以归属于不同的类别,而且这些类别可以划分成等级。比如,儿童能够在美国职业棒球联盟卡片中,选出那些惯用左手投球的投手的卡片或者三垒手的卡片。他们也能够对这些卡片重新分类,选出全美职业棒球联盟中的左手投球的投手。他们对于数量、顺序、空间关系的理解在加深,语言能力也在增强。到这一时期结束的时候,儿童的平均词汇量约达到4 万个。

随着儿童认知能力的不断发展,他们已经准备好去学习成人生活所必需的一些基本技能。在工业化和经济发达的社会中,这些基本技能主要包括儿童所必须掌握的学习技能,比如阅读、写字、计算等。

▶ 学龄时期儿童的情感如何发展?

伴随儿童认知发展的是他们的情感发展。随着儿童认知能力的发展,他们对于自身和他人的情感理解也在增强。学龄期的儿童意识到,人们的行为并不仅仅是由环境因素触发的,更多时候人们的行为是由他们自身的内部心理状态所引起的。这一时期的儿童懂得了什么是喜忧参半,也理解了人在某一时刻可能会有不止一种情绪。儿童的各种能力都在提升,包括调节自己情绪的能力、忍受挫折的能力、延迟满足的能力、排解压力的能力等。此外,他们的移情能力也在增强,知道了人们不只会因为眼前的沮丧而感到痛苦,也会因为长年累月的生活环境备受折磨。因此,他们能够理解博爱的含义,而对于学龄前儿童来说,这一概念却超越了他们所能理解的范围。学龄期儿童的自我意识情感也在发展,进而增强了他们的社会交往能力,但同时也让他们了解了心理脆弱性这一新领域。

▶ 这一时期的社会交往如何发展?

这一时期是儿童真正成为社会人的时期。在学龄期之前,儿童与成人照看者形成了最基本的养育关系,同时也与其他儿童形成了朋友关系。但这些关系并不会因为必然出现的矛盾而受到过多的影响。然而在学龄时期,同伴关系将

变得更加重要。进入这一阶段,儿童已经能够基本理解他人的想法、是非差别以及一定程度的挫折忍耐和冲动控制。这些至关重要的能力在学龄时期继续得以强化,使得儿童的同伴关系顺利发展。儿童已经在某种程度上内化了道德标准,而且即便没有成人的陪伴,他们也会具有基本的公平和正义的想法。儿童已经形成了一整套用于解决同伴冲突的方法,比如共享、妥协、帮助以及从他人的角度看待问题等。

▶ 学龄期的同伴关系如何变化?

与之前的任何时期相比,儿童在学龄期的同伴关系更加重要。在这段时期儿童可能会收获到真挚而长久的友谊,这甚至能够一直延续到成年。儿童掌握了行为模式的概念,并且会根据同伴行为的人格特质选择自己的朋友。

在这段时期,社交技能差的儿童会遇到麻烦。虽然捣乱的孩子在童年早期比较令人头疼,但是这种社交影响却是暂时的,可以很容易纠正,毕竟每天孩子都在变化。然而,在童年中期,如此的行为却会对儿童间友谊的形成与发展产生不利的影响,从而对儿童的自尊心产生长期的影响。

另外,儿童从这一时期起把其他同伴理解为社会群体中的成员,而不是简单的一对一的关系。因此,学龄期儿童必须开始试着接触群体动力学中的一些复杂问题,比如群体内外的界限、群体等级与社会地位、领导者与被领导者以及遵守与违反群体规范等。尽管这些问题在青春期将会凸显出来,但第一次出现却是在学龄期。

▶ 为什么规范在这一年龄阶段特别重要?

从认知、学习和社交方面来看,学龄期儿童都在努力掌握事物的本质。他们可以理解所有人都必须遵守的客观规范的概念,不管这些客观规范他们喜欢与否。实际上,学龄期儿童对于社会契约已经有了一定的理解。他们也在学习一些新的技能规则,比如如何阅读、写作、加减运算等。因此,学龄期儿童的一个主要特征就是有学习那些不变的、可预见的规则的欲望。这种对规则的重视体现在他们的游戏活动中,体现在他们对棋类、电脑游戏以及拍手游戏的喜爱上,也体现在他们基于行为规范所产生的道德感("哦!你说'愚蠢'!你不该说'愚蠢'!")以及他们对于不公平事件的敏锐察觉力("那是不公平的!上次就是让他先做的!")。

尽管一些规则看起来过于严格,但研究表明在儿童正常、健康的成长过程中确实需要一些约束和规矩。(图片来源:iStock 图像)

▶ 为什么孩子总会以大欺小?

从传统上来讲,心理学对人类社交活动的看法相当理想化,认为儿童攻击同伴的行为只是心理病理学的一种表现而已。但令人遗憾的是,心理学已经证明这一想法过于简单。其研究结果也已经搬上了好莱坞银幕和电视,认为儿童时期的挑衅行为通常是得到了社会的认可。尽管一些有攻击行为的儿童不能很好地适应环境,情绪受到困扰,遭到其他同伴的讨厌,但是另一些儿童则会通过挑衅行为来获取社会地位。通常来讲,男孩比女孩更可能通过语言或者肢体挑衅去欺负同伴,而女孩则通过挑拨同伴关系或相互排挤来巩固自己在群体中的地位。

然而,随着时间的推移,那些攻击同伴的孩子会因为自己的蛮横行为遭到大家的厌恶和疏远。由于以大欺小的行为在儿童的生活当中非常常见,大约10%—20%的儿童会有这样的行为,因此减少这种行为最行之有效的办法就是营造一种氛围,使以大欺小的做法既得不到大家的原谅也不会被容忍。

▶ 为什么一些孩子会被欺负而另一些则不会?

据统计,有15%—30%的儿童经常遭到同伴的欺负。那些害羞的、不过分自信的、不会反抗的、自尊心不强而且性情忧郁的孩子尤其会被欺负。另一方面,家长

 **学龄期儿童的拍手游戏为我们揭示了什么？**

下面这首女孩们的拍手游戏歌谣可以追溯到美国的内战时期。这首歌谣在全美和其他很多国家传唱，基本没有什么变化。这种歌谣一成不变的特性反映出规则对于学龄期儿童的重要性，这与那些一直不断变化的青少年俚语形成鲜明的对照。

> 玛丽·麦柯小姐，小姐，小姐，
>
> 身穿黑色衣裳，衣裳，衣裳，
>
> 衣裳银色扣子，扣子，扣子，
>
> 洒满她的后背，后背，后背
>
> 她跟妈妈，妈妈，妈妈，
>
> 要了零钱，零钱，零钱，
>
> 去看大象，大象，大象，
>
> 跳过栅栏，栅栏，栅栏，
>
> 她跳得好高，好高，好高，
>
> 跳到了天上，天上，天上，
>
> 直到七月过去，过去，过去，
>
> 她才回来，回来，回来。

对子女的过分呵护也会妨碍儿童的独立性和自信心的培养，助长了儿童逆来顺受和依赖他人的心理，进而导致儿童更容易成为别人欺负的对象。尽管这些儿童绝不应该因为被欺负而受到责备，但我们确实可以通过一些积极的干预来提高他们的社交能力和自信心，获得行为上的主动权。

在校的良好表现对于儿童有何重要性？

儿童在学校的表现在很多方面都是至关重要的。首先，儿童在学龄期所获得的学习技能为其终生学习奠定了基础。如果儿童没有学会如何阅读，那么对他或她来说就极其不利。在现代信息化社会中，高文化水平对于获得职业的成功和富足的生活都起着决定性的作用。然而，更重要的是，儿童在校的经历将会对他或她的自我概念产生极大的影响。这一年龄段的儿童会把自己与同伴进行有意义地比较，对社会地位和社会类别也有了一定的了解。

然而，这一时期的儿童仍然倾向于从整体的角度思考问题，在区分他们的行为是反映了某种具体情形还是普遍的人格特质时仍然会觉得有困难。举例来说，他们考试不及格是因为他们看不清黑板而需要换一副新眼镜，还是因为他们不擅长数学？因此，儿童的在校经历会给他们的个人能力带来一种整体性、概括性的理解。倘若他们在学校"感到糟糕"，那么他们缺乏自信心将会使他们在面对挑战的时候失去主动性和持之以恒的精神。倘若他们在学校"感到愉快"，那么他们积极的自我概念将会增强他们的主动性、挫折忍受能力和自我约束能力，同时也会激励他们追求更高的学业目标和职业目标。

▶ 什么是学习障碍？为什么它们很重要？

从生物学的角度来讲，学习障碍是指面对正常的智力任务时所表现出的具体认知技能的缺乏。比如，一些儿童很难保持自己的注意力（如小儿多动症），或是很难以正确的语序进行阅读（如阅读障碍），或者很难在空间范围内组织信息（如非言语性学习障碍）。如果这些障碍没能够得到诊断，那么儿童在学习过程中将会反复体验到由此造成的学业失败，这将会导致他们自尊心降低以及一些相关的消极行为，比如，出于自我保护而拒绝他人的批评等。

一些未被诊断出有学习障碍的儿童对于批评和失败会产生极度的挫败感，以致他们会完全拒绝别人的负面反馈，其后果可想而知了。有学习障碍的儿童会做出一些破坏性的行为，也更有可能在青春期从事反社会的危险行为。在某种程度上，这与生物学上的冲动控制的缺乏有关，但也与他们反复失败后不太妥帖的应对反应有关。

青春期（12—18岁）

▶ 青春期会发生哪些身体变化？

　　与童年中期发生的可预测的、缓慢的变化不同,青春期发生了突发性的巨大变化。首先,身体会发生巨大变化。儿童成长为成人,身体上的巨大变化使得刚刚进入青春期的青少年对自己刚刚发育的陌生的身体感到惊讶和困惑。"我都不知道自己的脚哪里去了,"一个男生这样描述他当时的感受,回忆着当时在那么几个月的时间里,自己就长高了25厘米。"每个人都想让我去打篮球,"他补充说。

　　青春期会发生哪些身体变化呢? 男孩和女孩的身高增长的幅度都很大。在美国,10岁儿童的平均身高为140厘米,到17岁时,男生的平均身高约为173厘米,女生的平均身高约为163厘米。儿童的身体形态也在发生着变化,身体和四肢都在长大,手脚也跟着长大。同时,他们的脸部也在变化,鼻子、下颌、面颊骨都在生长。耳朵和鼻子的发育通常要早于面部的其他器官。在北美,女孩的发育从10岁左右开始,在16岁左右结束;而男孩则是在12岁左右开始,到17—18岁左右结束。大部分青少年身高会增加25厘米左右,体重会增加23—34千克不等。此外,也会发生与青春期有关的激素的和生理方面的巨大变化。

▶ 青春期发生了什么？

　　在青春期,儿童逐渐发育成为一个性成熟的个体,发育成为能够孕育后代的青少年。女孩进入青春期的时间要比男孩早2年左右,一般在12岁进入青春期,大约持续4年的时间。但无论男孩还是女孩,他们体内的各种腺体都开始大量分泌激素,其中,生长激素和甲状腺素刺激了身体的生长。

　　对于男孩来讲,大部分激素均来自睾丸。雄性激素睾丸酮使得肌肉发育生长,体毛和面部毛发出现,男性性特征逐渐形成。然而,男性体内也会产生少量的雌性激素，刺激生长激素的释放。这种作用反过来也刺激了身体的生长以及骨密度的增加。在青春期末期，男孩比女孩有更发达的肌肉群，相对于自己的腰部和臀部，他们的肩部变得更宽。

而女孩的激素主要由卵巢产生。雌性激素的释放使得她们的乳房、子宫、阴道发育成熟，同时体内也积累了一定量的脂肪，臀部和腰部的脂肪也有所增加。在女孩体内，肾上腺（位于肾脏上方）分泌的雄性激素使得她们的身高增加，阴部和腋下出现体毛。女孩的初潮（第一次月经）一般在十二岁半的时候，但由于很多因素包括饮食等的影响，出现初潮的时间也有较大的差别。

众所周知，我们的身体在青春期将会发生巨大变化，比如毛发的出现、激素的产生等，使得我们获得生育能力。这样一些突如其来的变化有时令人难以适应，青春期就成为生命中比较煎熬的一段时期。（图片来源：iStock 图像）

▶ 青春期大脑发生了哪些变化？

青春期人的大脑组织也经历着巨大的变化。在青春期早期，特别是在大脑的额叶，脑灰质显著增加。这是由于神经轴突的大量生长，即神经元之间突触的大量结合而引起的。然而，在这一过程之后，脑部神经会出现一次整合，即除掉一些多余的突触和树突。通过减少大脑中冗余的神经兴奋传递路线，神经传导的效率得到了提升，这就像是我们把从来不穿的衣服扔掉一样。

髓鞘的形成仍在继续，使得大脑中冲动传导的速度和效率均得以提高。这种提高使得青少年的认知能力明显增强，也使得青少年对于世界的理解发生了深刻的变化。

同时，青少年体内的神经递质的密度也有了变化。神经递质是一种在神经元间传导兴奋的化学物质，充当着神经元间信使的作用。相对于抑制性神经递

质（比如伽马氨基丁酸）的量级来说，兴奋性神经递质（比如谷氨酸和多巴胺）量级水平的改变，有时会使青少年对于情绪刺激更加敏感，或许这正解释了青少年经常情绪躁动、寻求刺激等的原因。

▶ 青春期发生哪些认知的变化？

根据皮亚杰的理论，青少年已经能够进行形式运演思维。这意味着青少年除了能够对具体的有形的事物进行推理之外，也可以对抽象的可能的事物进行推理。学龄期儿童可以解释他们眼前的物体的行为方式，然而，他们却不擅长想象物体可能发生的不同行为，然后对想象可能发生的行为进行推理。相对来说，青少年则能够通过想象或假设进行推理，而不只局限在具体的有形事物上。因此，青少年具有抽象思维的能力。他们可以通过文字概念，比如社会公平、政治保守主义或者宗教教义等进行推理。

另外，青少年还具有元认知的能力。所谓元认知，就是对思维的认知，包括对他们自己的思维和他人的思维的认知。同样，青少年也能够掌握逻辑规则。他们能够针对别人的论证逻辑进行批判性思维，而这种能力是学龄期儿童所不具备的。然而这种新的逻辑思维能力并不太受家长的欢迎，因为孩子现在能够对于他们的说教进行反驳了。通常，2岁大的孩子会大叫"不！不！不！"来进行反抗，8岁大的儿童会撅着嘴哭喊道"那不公平！"，而16岁大的青少年则会直接说出父母的说教中自相矛盾的地方。

▶ 认知的变化对青少年的学业能力有何影响？

抽象思维、逻辑分析以及元认知的能力是学业快速发展的途径。当然，在青春期早期，这些能力的发展还处于初期阶段，直到青春期末期才能够完全形成。事实上，抽象思维的能力在成人阶段还在继续发展。同样，这些认知能力的获得在很大程度上也取决于儿童所处的环境和他们的教育和经历。青少年与学龄期儿童的一个很大的区别就是他们的内在的抽象思维能力，而不是外在的行为表现。

青少年学习理论的能力方式是学龄期儿童所不能掌握的。青少年能够学习宗教、哲学、数学、政治学和社会学。他们生平第一次对于这些方面的问题有了自己的看法，而不是简单地人云亦云。然而，尽管青少年能够理解这样的抽象概念，但他们的观点还是有别于成人的观点。他们往往有一种太过概括的倾向，尤其是对社会学和政治学方面的一些观点，缺乏对于问题复杂性和细节的理解。

▶ 为什么青少年的自我意识很强?

青少年认知能力的发展对他们的社会生活和自我认识都有着深远的影响。他们站在别人的角度看待问题的能力在继续发展，同时，他们也意识到人的行为和动机有着多重性。外在的表象并不一定是事情的全部，在外在的表象下会有被掩饰起来的情绪，被隐藏的动机可以促发人的行为。当他们感觉到自己可以看到别人的真实想法时，他们就会觉得自己的内心好像也变得同样透明可见，有一种自己的内心世界被暴露在大庭广众之下的感觉，好像他们身边的每个人都成了透视眼，他们忽然觉得自己被人赤裸裸地看透了。

众所周知，典型的青少年具有极强的自我意识。特别是刚刚进入青春期的孩子对于自己的外貌非常在意，易于克制自己的尴尬感觉。鞋带系得不对、裤子的长短不合适、发型出了问题等，所有这些都能触发他们的自我意识危机和同伴的嘲讽。这些青春期问题在他们15岁之前异常严重，而接近20岁时，青春期的自我意识将会减少。处于青春期末期的青少年会认识到无论自己的怪癖或缺点有多明显，别人都无心过问。大部分人都在关心自己的事情，不会因为别人那些微不足道的缺点而浪费他们自己宝贵的时间和精力。即将走出青春期的少年也会认识到，他们内心的痛苦和失败绝不只有他们自己体会过，其他人也有过类似的经历，所以他们会觉得没有必要为此感到羞愧。

▶ 青春期的身份建构有何作用?

埃里克森认为，青春期是身份建构的一段至关重要的时期。他们生平第一次要摆脱父母的影响，形成自己的看法。他们不再把自己看作是谁的子女，而要在成人社会中找到自己的角色。在当代这个错综复杂的社会中，这绝不是一件简单的事情。另一方面，青少年认知能力的发展使得他们能够理解诸如价值观、宗教、政治信仰等抽象概念。因此，他们持有的信仰就成为他们身份的一个重要标志。

身份建构的过程也与他们非常在意得到同伴的接受有关。当一个人的身份处于相对不稳定的状态时，其他人的反馈就会变得更加重要。也就是说，对自我身份缺乏认同的人更容易依靠同伴的反馈来定义自己，而自我身份相对稳定的人则不太会受到他人看法的影响。

▶ 当青春期的身份建构遭遇社会障碍时会发生什么？

在各种文化中，青少年长大成人，成为一名正式的社会成员，都是一项重要的任务。但是当这种角色的转变出现问题的时候，会发生什么呢？社会可能由于战争、政治、经济的动荡而处于动乱状态；或者社会的某一群体可能由于贫穷、缺少教育机会或种族歧视而不能参与社会富有成效的工作。当有建设性的社会身份不能实现时，某些破坏性的、反社会的群体身份就会取而代之。例如，被剥夺了公民权的青少年（尤其是男性）很可能成为街头团伙或者犯罪组织中的一员。由此可见，相比之前的任何时期，青春期的心理发展过多依赖于周围的文化的影响。

▶ 青少年经历了怎样的情绪变化？

由于多种原因，青春期是情绪极其强烈的一段时期。激素的大量分泌、大脑功能的变化以及青少年对身体、认知、社交的巨大变化所产生的心理反应都导致了情绪的突然变动。事实上，脑成像研究已经表明，与人生其他任何时期相比，在青春期大脑的情绪中心——扁桃腺对于情绪刺激有更强烈的反应。

处于青春期的人总是很情绪化、戏剧化的，经常对小事产生过激的反应。同样，这段时期人更容易患上心理疾病。事实上，很多心理和精神障碍都是在青春期形成的，包括抑郁症、饮食失调、吸毒甚至精神分裂症等。但这并不意味着所有的青少年都会遇到情绪问题。典型地说，青春期是一段情绪骤变的时期，这为易患疾病的人的精神病理学发展的研究提供了平台。

▶ 青春期的亲子关系发生了怎样的变化？

青春期是亲子关系发生根本变化的时期。为了能使子女学会独立，父母和孩子双方必须找到一种新的方式理解彼此间的关系,这样孩子日益增长的独立性就不会受到压抑,但父母又不能给予子女过多的自由。尽管这个阶段的孩子与父母间的摩擦总是被夸大,事实上,大部分青少年与父母的关系是比较融洽的,但是随着孩子进入青春期,两辈人之间的冲突就明显地加剧。父母和孩子发生冲突是因为孩子想要得到更多的私人空间、不喜欢被人约束、期望拥有更大的自由选择自己的朋友以及拥有更多的时间在外面交友等。当父母能够渐渐放松对子女的约束但仍然适当给予约束的时候,青少年往往能够获得最好的成长环境。此外,青少年的逻辑思维能力渐渐成熟,这样父母与孩子会就什么事该做、什么不该做进行理性的探讨。

▶ 为什么青少年使用的俚语总是在变化?

与学龄期儿童喜欢那些经久不衰的儿歌相比,青少年们总是愿意追崇新鲜事物,不愿意承袭旧的或他们熟知的事物。我们可以把青少年俚语的频繁变化与学龄期儿童游戏的相对稳定本质进行比较。下表列出了20世纪4个不同时期青少年所使用的俚语。

年　　代	俚　　语	含　　义
20世纪40年代	doll	有吸引力的女性
	dollface	有吸引力的女性
	jerk	傻瓜
	dope	傻瓜
	drip	傻瓜
	rugged	健壮的男性
	hep cat	酷哥
	swell	极好的
20世纪40年代	keen	极好的
	golly	天啊(表惊讶或羡慕)
	gee	天呐(表略感惊讶)

年　代	俚　语	含　义
20世纪60—70年代	lady	女朋友
	uptight	极端保守的,放不开的
	far out	很棒,很不错
	bad	顶呱呱的,没治
	hip	酷
	groovy	吸引人的,绝妙的
	foxy	有吸引力的女性
	fine	有吸引力的
	bogart the joint	疯狂地吸食大麻
	stoned	醉酒的,飘飘欲仙的
	take a hit	吸一口大麻
20世纪80年代	crib	房子,家
	rents	父母
	bogue	假的
	bogus	不好的
	excellent	与"鸡蛋沙拉（egg salad）"音近
	dope	毒品,常指大麻
	radical	很好,非常好
	rad	radical（很好,非常好）的缩写形式
	fresh	很好,非常好
	dude	小伙子,哥们
21世纪以来——通常受到文字短信的影响	lol	哈哈地笑（laugh out loud）
	bff	永远最好的朋友（best friends forever）
	g2g	要下了（got to go）
	brb	马上回来（be right back）
	idk	我不知道（I don't know）
	ttyl	一会儿再聊（talk to you later）

年　代	俚　语	含　义
21世纪以来——通常受到文字短信的影响	jk	开个玩笑而已（just kidding）
	omg	我的天哪（Oh, my god）
	sweet	太棒了
	wicked	好的, 很好的
	call you out	对某人不敬
	def	绝对可以
	dope	没问题
	tramp stamp	女性背部的纹身
	tool	傻瓜

▶ 青春期同伴关系发生了怎样的变化？

在当代的西方国家, 青春期同伴关系会对青少年产生极大的影响。与同伴相处、被同伴接纳的程度, 以及青少年在同伴群体中的角色和地位都非常重要。同伴关系可以带来很多愉悦和激动, 但是当隔阂发生时, 也会带来痛苦和羞辱。

为什么同伴关系对于青少年如此重要？首先, 青少年对父母的依赖越来越少, 取而代之的是对同伴的依赖却越来越多；其次, 青少年看待问题和理解他人情感的能力在不断增强, 使得他们与同伴间的关系更加亲密, 这在此前的几个时期是不可能发生的。随着青少年对自身动机和情绪经历的理解的逐渐增强, 他们的移情能力也在逐渐增长。

分享朋友的经历的能力和想法增强了朋友间的亲密感。起初, 青少年间的亲密关系主要产生于同性朋友之间。然而, 尽管同性间的友谊在整个青春期都很重要, 但青春期早期的同性好友关系, 或称之为亲密的同性友谊, 将会被青春期后期的异性恋爱关系逐渐取代。

▶ 为什么受到大家的欢迎特别重要？

青少年比以往任何时期更关注社交群体的动态。我们对一些现象都不会陌

▶ 为什么青少年的穿着如此另类?

青少年自我身份的建构时期也是他们逐渐远离父母获得独立的时期。青少年的衣着打扮就反映了这两方面的问题。很多备受青少年追捧的风格都体现出了青少年对成人世界基本规范的抵制和对自我形象展示的设想。比如,从很小的时候开始,父母就教他们的孩子穿衣服要干净整洁、得体大方,要呈现出一个大家都能接受的形象。然而,让我们试着回忆一下20世纪60年代青少年们追捧的风格吧,那个时候流行把衣服撕破,把头发留成又长又蓬乱的样子。再比如,自20世纪80年代开始流行的街舞风格,衣服总是大得很夸张,像布袋子一样,这种风格取自于监狱里犯人穿的不允许系裤带的裤子。而野蛮人的穿着风格推崇的是一种既暴力又违背宗教道义的病态形象。这种逆反的风格通常表现出极其旺盛的生命力,经常被吸纳为主流时尚。

当青少年开始穿着怪异或者在形象上有不太正常的改变时,父母经常会感到困惑甚至担心。但实际上,这只是青少年在自我身份探寻过程中一种非常普遍的表现而已。(图片来源: iStock 图像)

生,比如:小帮派、受人欢迎、同伴间压力以及像“酷毙了”、“学究儿”这样的词。这些都能反映出青少年的社交结构。就像狼群内部会按照个体的社会地位划分等级一样,人类社会也是如此。在青春期,青少年开始渐渐离开父母,成为一个新的社会群体中的一员,而这些社会群体中的标志便变得极其重要。群体内外的界限和群体中地位等级的界限都通过千变万化的符号系统进行联络。群体的各种礼节和仪式通过成员的语言、衣着、交通工具、电子产品以及音乐品位得以体现。

成人经常惊讶于青少年过分看重不值一提的小事，比如鞋子风格、发型或棒球帽的叠放方式，更惊讶于那些不太在乎这些事情的青少年反而会受到其他青少年的排挤。这一时期的他们为什么会如此在意是否被群体接受以及自己在群体中的地位呢？如果这些是人类所共有的特征，那么为什么成人不会像青少年一样那么看重是否受别人的欢迎和得到同伴的接受呢？当然，成人也会在意自己的社会地位，这一点可以通过奢华的跑车和名牌服饰所具有的市场需求得到佐证，同时许多成人凭借事业的成功和富庶的生活来获得别人的尊敬也能说明这一点，但成人对这些问题有更深的看法。

青少年极强的自我意识使他们经常把社交中出现的摩擦夸张成世界末日的到来。与之不同，成人则更倾向于去原谅和理解自己以及他人身上的不完美之处，他们也更能将那些对自己确实重要的社会关系和不太重要的社会关系区别对待。

▶ 青春期"性"起着怎样的作用？

性成熟是青少年成长所经历的巨大变化之一。在青春期，青少年由儿童发育成为有生育能力的性成熟的个体。总体来说，青少年的性成熟要早于他们在情感方面的成熟，他们经常会遇到一些自身无法承受的感受和社交需求。在过去的一个世纪里，人类青春期越来越提前。起初，这种提前只是体现了青少年总体营养和健康水平的提高。然而，在最近几年，青春期提前更多的是因为生活环境的变化，尤其是食品中激素类成分的增加。另外，与之前任何一个时期的人类社会相比，在当今这个高度发达的工业化社会中，充分地担当起一个成人的角色更加困难。因此，从青少年性成熟到他们能够充分发挥一个成人的社会作用的时间段也显著地拖长了。

关于性这一话题，青少年会接触到很多引起麻烦的负面信息。男孩会由于外界压力来证明自己已经是男人，因此很可能在不具有正常性行为能力的时候做出一些出格的事。另外，青春期男性的性冲动非常强烈，并且他们自身也迫切希望得到一个男人的身份，这就会导致一些不负责任的、危险的性行为，或者不能充分

了解对方需要的行为。而另一方面,女生也接触到各种相互矛盾的性信息。她们会迫于外界压力发生性行为,以便证明自己够出风头,够对男性有吸引力,或者证明自己已经成熟了。但她们也担心自己在别人眼中成为一个性开放的女孩。

尽管在过去的几十年中性别角色发生了许多变化,但是性开放的女性还是不能为社会所接受。另外,青少年或许会觉得自己在生理上已经成熟,可以发生性行为,但是又要面对来自父母、同伴或者文化习俗对他们的行为的约束。而最近几十年,青少年的性道德观也经历了许多变化。正是由于这种文化上的变迁,青春期的性发育也给人们带来了许多挑战。对于青少年来说,与成人认真仔细、开诚布公地讨论性行为的危害和益处会使他们受益匪浅的。

▶ 青少年为何如此鲁莽?

众所周知,青少年容易做出一些鲁莽又不顾危险的事情,这是其他任何年龄段都没有的特征。他们会高速驾驶汽车、醉酒驾车、酗酒或吸毒、违反规则、打架斗殴、进行无保护的性行为以及沉迷于很多高危险活动。俗话说,青春期少年似乎认为他们自己是不朽的。虽然这种现象得到人们的公认,但并没有得到人们的完全理解。可能有几种原因。首先,人类到25岁额叶髓鞘才会完全发育,因此,青少年的大脑中负责冲动控制和后果考虑的部分并没有完全发育成熟。另外,特别是男性,体内睾丸酮水平的迅速增长也可能增加了他们寻求刺激的行为。

有证据表明青少年大脑的情绪反应也更加激烈。一方面他们越来越想要寻求刺激,而另一方面他们的冲动控制机制尚未发育成熟,两个因素结合在一起便使得他们的行为更加不计后果。同时社会因素也开始发挥作用。青少年很看重同伴认同以及试图独立于父母,这些都刺激着他们公开大胆地宣称自己的独立。因此,小心谨慎和自我约束便成为他们眼中一种既幼稚又不独立的表现,这潜在地使他们感到难堪,也成为招致同伴嘲笑的把柄。总之,理智的行为往往被青少年认为是很"不给力"的。

▶ 文化会影响我们对青春期的理解吗?

虽然有很多生理因素会影响青春期心理,但青春期也并不是发生在一个文化真空的环境里的。青春期本身就是一个相对较新的概念。在人类历史的早期阶段，对于从儿童转变为成人的认识并不太多。青春期人们有可能成家立业，养育子女。尽管对于"青年人"（一段从青春期过渡到青年时期的粗略时期）的特点有过一些认识，但是，那时候的大部分人在十几岁的时候就开始担当起社会中成人应该承担的角色。随着我们的社会愈加复杂，成人参与社会所需要的准备时间也越来越长。因此，人们便把青春期确定为一段有别于童年和成年的独特时期。

为什么青少年如此热衷于社交网络？

众所周知，在青少年的世界里，同伴关系和自我身份是极其重要的两个部分。随着近年来通信技术和互联网的发展，当今的青少年几乎可以通过手机短信或者各种社交网络随时随地与朋友之间保持联络。

世界上最流行的两个交友网站，"脸谱网"（Facebook）和"我的空间"（MySpace），都支持用户通过上传照片、视频和文字精心打造自己的个人形象。同时，用户也可以对好友发布的信息进行评论。

如下是一些从脸谱网上选出的高中生们的留言（为保护用户的隐私，身份信息已经隐去或化名使用）。请读者留意这些留言轻松搞笑的语气以及他们所使用到的一些缩写、错字，还有他们表现出的对于音乐、衣着、电子产品的强烈兴趣。

我发誓我是正常人！！！

哎呀我真的很喜欢那条裙子！ ——高中生甲

劲爆音乐电台),每次通宵聚会的时候也听,还有去她家或者在我家过夜的时候也听。

说到音乐,我们就像疯子似的。

我什么音乐都爱听……除了那种特别无聊根本没节奏的,嘿嘿。

跳武(舞)的时候听有意识(思)的音乐,还有那些大家都爱听的很慢很有感觉的歌。

"那个怪蜀黍(怪叔叔)问用不用让我们搭车一段,所以我们就跑没影了"。

有钱的胖子:啥是苹果iPod touch啊?

莎拉:跟iPhone手机差不多,但是不是手机。

梅根:是滴(的),你可以对着它讲话,但是不会有人回答的。

我啥裙子也没有!我说的是真的……不是装,不是"哎呀,我的杜嘉班纳(Dolce & Gabbana,缩写为D & G,世界著名服装品牌)过时了,我没衣服穿了"那种,我是真没衣服穿了。

阿麦尔莉:啊啊啊啊啊啊啊阿阿阿阿阿阿阿阿阿阿阿。

▶ 不同文化对同伴关系的理解相同吗?

不同文化对同伴关系的理解大相径庭。在一些注重家庭关系以及成员之间相互依靠的文化中,自给自足和独立的品质相对淡化,因此,在青少年的成长过程中,同伴关系就不太被重视。而且,人们对于权威会给予更多的尊重,通常也不太会支持打破常规的做法。而在美国社会,由于个体的独立精神是非常重要的价值观,因此,同伴关系在很多青少年的生活中占据着特别重要的地位。所以与一些较传统的国家相比,美国人对于挑战权威、反抗压迫和打破常规等做法会给予更多的理解和支持。

青年时期（19—40岁）

▶ 青年时期会面对哪些心理挑战？

青年时期比青春期少了一些躁动，然而这一时期也有其特有的挑战及战胜挑战后的满足感。在这一时期，个体已经步入成年，无论在生理上、认知上还是社交上，都已具备承担一个成年人的角色所需要的能力。青年人会享受到更充分的独立，同时也需要承担起更大的责任，这一转变需要几个过程。在情感和经济方面，青年人必须在一定程度上逐渐摆脱对父母的依赖，但这并不意味着他们需要切断与父母的一切联系，而是从之前的完全依靠父母转变成更平等的相处和交流。

青年人需要努力取得某种程度的经济独立，但很多25—30岁前的青年人仍在校读书，完全地自给自足有一定困难。然而，他们即使不能进行全职工作，也仍旧在努力地争取经济独立，并通常会有一些独立的经济收入来源。此外，青年人应该学会进行收支预算、支付账单、向政府交税，以及在其他场合独自解决与钱有关的问题。

这个时期也是确立婚恋关系的时期，经过一段浪漫、稳定的恋爱期，很多人会在这一时期选择结婚，并且会选择为人父母，承担起生活方面极大的责任，开始被自己的子女所依赖。

最后，这一时期也是创业期。尽管近年来，西方的社会角色更灵活多变，青年人对其工作、家庭生活有多种选择，但他们仍然需要做出一些会对自己的一生产生重大影响的决定，比如结婚生子会产生终身的影响，即使婚姻最终失败；而选择读书深造或追求某一职业同样会在很大程度上影响今后的生活。

▶ 离开父母独立生活意味着什么？

离开父母独立生活是青年时期最大的变化。在不同国家和地区的文化中，离开父母独立生活的形式也有所不同。在重视独立和自给自足的文化中，

青年人与父母的交流并不太多，他们也不太依靠父母的建议、指导和决定来形成自己的价值观和信仰。而在一些传统的、重视家庭观念的文化中，父母并不太希望子女离开自己独立生活，而是希望子女能够更多地尊重和听从他们的意见。

然而，在任何文化中，青年人都应该以一种更平等的方式与父母交流。青年人必须承担起更多的责任来养活自己和他人，他们也更有能力独立做决定。在西方社会，青年人应该有与父母不同的追求、信仰、价值观和人生目标。这通常会是一个相当漫长、复杂的过程，因为许多父母的态度不是很明朗，随着时间的推移，子女会无意识地内化、理解父母的态度。

为了能够得到最好的发展，青年人应该既与父母保持亲密的联系，又能合理、客观地评价父母所给出的意见，对于有帮助的意见积极接受；对于不合时宜的意见有则改之，无则加勉。在这一阶段，最重要的一项任务就是从心理上理解自己的父母，父母也是有七情六欲的人，必然有自己的局限性，但父母同时也在无私地爱着自己的子女。

▶ 承担起职业角色意味着什么？

青年时期的一个重要特征就是开始承担起一个成人在社会中所应承担的责任。在当今的西方社会，这种承担主要是指开始工作，进入某一行业并承担起一定的职业角色。然而在人类历史的早期，几乎没有职业选择可言，男性继承家业，女性相夫教子。

在当代的工业化社会中，这些传统已经一去不复返了。大多数的社会成员都会有多种职业选择，而青年人面对诸多选择时往往会不知所措。职业选择将会对个人的身份、社会地位、经济实力以及总的生活质量产生至关重要的影响。然而遗憾的是，人们现在仍然无法提供充足有效的信息以供青年人参考并做出相应的决定。因此，很多青年人在自身毫无经验指导的情况下，只能依靠世俗对于成功的定义和职业满足感来做出选择。同时，个体可能从事的职业种类也由其教育经历和社会阶层决定。

不是所有青少年都认为自己能够从事社会地位高、收入高的行业。不过，许多西方人可以选择完成中学学业，还可以接受大学教育。因此，在不同的社会经济群体中，青年人必须通过自己的努力完成对职业生涯的选择。

▶ 开始恋爱的青年人会遇到哪些具体的挑战？

尽管在过去的几十年里西方国家青年人结婚的年龄已经呈现出越来越晚的趋势，但是青年时期仍然是大部分人选择恋爱伴侣的时期。选择结婚或者一段长期的恋爱关系会带来许多挑战，而这种选择本身通常也会让人摇摆不定，尤其是对于已经习惯了自由和独立的青年人来说。社会的发展导致个体为成人生活做准备的时间越来越长，这也就在无形中加长了青年人自己独自生活的时间。因此，感情生活要求双方所必须做出的让步和牺牲就会给青年人带来很大的障碍。而且，即使对于那些渴望婚姻的人来说，找到一个可以共度余生的人也是需要大量时间和相互磨合的。

很多青年人总是抱怨自己还是单身，而同时又去追求那些根本不可能成为自己另一半的人。一旦恋爱关系建立起来，就需要用心经营这段感情。两个人需要学会如何平衡各自的时间和两人在一起的时间，有效地进行交流，建设性地解决矛盾。然而在这个不断发展的社会中，几乎没有什么相对固定的原则或方法来维系一段感情，这也使得青年人难以掌握必要的原则以获得一段美好的感情生活，这一点从离婚率上就可见一斑。根据美国疾病控制中心（the U.S. Center for Disease Control）2005年的统计数据，每1 000人中每年结婚的人数大约为7.5人，而离婚的人数大约为3.6人。虽然这是自1970年以来最低的离婚率数据，但也还是高得离谱。另外，过早结婚的人，尤其是23岁之前结婚的青年人，离婚的可能性最大。

▶ 青年时期为人父母会遇到哪些挑战？

为人父母是成人阶段最大的心理转变之一。尽管青年人可能已经在经济上取得了完全的独立，有了稳定的职业和成熟的社会关系，但他们仍把自己看作"孩子"或者并不是一个"真正的成人"。一旦他们为人父母，这种想法就会随之消失。一个幼小的生命需要完全依靠年轻的父母，于是再也不能逃避作为一个成人应尽的责任。大多数人会发觉平生第一次对另一个个体承担的责任与对自己的责任一样重大，甚至更大。尽管这种程度的自我牺牲对于初为父母的人来说压力相当大，对特别年轻的父母更是如此，但许多年轻的父母都把它看作是一次成长与成熟的机会。不再以自我为中心对于生活来说是一件很有意义的

事。然而,正如青年人成长的诸多方面一样,当今不断变化的社会文化已经不能对青年人进行清晰地指引。

尽管很多父母乐于阅读大量育儿方面的书籍和文章,但在实际生活中,当他们决定如何抚养孩子时,初为父母的他们还是会面对很多不确定的因素。同时,初为父母的青年人又会重新认识自己与父母的关系,重新体会到自己父母丰富的知识与经验。由于新生婴儿的祖父母常会帮助子女抚养下一代,所以家庭成员间的关系也会由于新生命的诞生变得更加亲近。

▶ 如果无法应对挑战会怎么样呢?

从青春期过渡到青年时期会在方方面面遇到挑战。青年人必须建立一个多方面的成人身份,致力于更深层次、更成熟的关系,并且承担经济、情感和社会责任。这样做,青年人才会得到更多的满足感和成就感、更多的权力、更高的社会地位和更多的尊重。然而每一次成长都需要做出牺牲。实际上,成长意味着放弃:放弃依靠父母的安全感,放弃没有承诺和责任的自由生活,放弃不会失败的幻想。这就给青年人的心理上带来了真正需要解决的困难,因此,几乎很少有青年人在各个方面都能够顺利发展。

在人生不同的发展过程中有一些不尽如人意的地方是很正常的。但是,如果在任何领域都没有发展,那就出现大问题了。在这种情况下,随着时间推移,青年人若和同伴间的差距越来越大,他们就会变得越来越消沉。事实上,大众文化已经通过电影提及到了这个问题,比如在1994年相继问世的电影《现实的创痛》(Reality Bites)和《疯狂店员》(Clerks)中就得以体现。这两部电影中的青年人既懒散、游手好闲,又因为缺乏前进的动力而充满了挫败感,但又不愿做出在扮演成人社会角色时所必须的妥协。

▶ 何谓社会钟?

"社会钟"是由心理学家伯尼斯·诺嘉顿(Bernice Neugarten)提出的一个术语。人们在不同的阶段应完成不同的人生目标,而应该完成这些目标的年纪就构成了"社会钟",比如结婚、生子、找到第一份工作、购房、完成学业的年龄等。尽管"社会钟"的设置会根据不同文化而变化,但诺嘉顿建议各种文化都应该有一种对完成某一人生任务的年龄期望。一旦感到自己落后于社会钟的时间，成年人的自尊就会受到沉重的打击。在现今的文化中，社会习俗一直在不断地变化，日常生活的现实可能并不与社会钟相吻合。比如，许多女性期望以类似于自己母亲的时间为标准去结婚生子，但因年龄在30—34岁的未婚人数已经达到1970年未婚人数的6倍，因此社会钟很可能需要重新设定。事实上，据2007年美国人口普查报告，30—34岁未婚人口的比率已超过28%。

▶ 丹尼尔·莱文森是谁?

丹尼尔·莱文森（Daniel Levinson，1920—1994）是继埃里克森之后研究成人发展理论的首批心理学家之一。在对各种职业的男性进行访谈的基础上，他于1978年正式出版了《男人一生的几个阶段》（*Seasons of a Man's Life*）一书。在1987年，他又用相同的方法对女性进行研究，出版了《女人一生的几个阶段》（*Seasons of a Woman's Life*）一书，尽管采集样本不够宽泛，采访大多局限于高收入人群，但其成人发展理论还是得到广泛的关注。

▸ 为什么大学毕业对一些青年人来说很难以接受?

大学毕业是青春期少年到青年人的一个标志性的突变。尤其是对在寄宿制大学读了4年的学生，相对安逸稳定的大学时光的结束会令他们感到非常迷茫。总体来说，从少年到青年的过渡是一段非常令人焦虑的时期。即将面对成人所必须面对的挑战，承担成人所必须承担的责任会使处于这一时期的人感到异常的焦虑。这一阶段的青年人往往会恐惧失败，害怕陷进一个没有前途或者耗尽精力的职业中，因此他们容易一时间变得浑浑噩噩、游手好闲而又无法自拔。

20世纪90年代发行的两部很受欢迎的美国电影讲述了青年人从青

春期走向成熟的过程中遇到的情感上的一些挑战：一部是由布莱恩·奥哈罗兰（Brian O'Halloran）和杰夫·安德森（Jeff Anderson）主演的《疯狂店员》（Clerks）；另一部是由薇诺娜·瑞德（Winona Ryder）、伊桑·霍克（Ethan Hawke）、詹尼安·吉劳法罗（Janeane Garofolo）和本·斯蒂勒（Ben Stiller）主演的《现实的创痛》（Reality Bites）。两部电影都反映了这段过渡时期给人们带来的痛苦与快乐。

◉ 莱文森的成人发展理论是什么？

莱文森提出成人发展要经历一系列可预知的阶段，或称作时期或者过程。它们包括：青年时期（20—40岁），中年时期（40—60岁），老年时期（60岁以后）。莱文森还提出了过渡时期的概念，指的是成年人要克服从一个时期过渡到另一个时期所面临的心理上的障碍，这种过渡可能会持续5—7年。莱文森指出，第一阶段的青年时期是个体最初生活模式的创建时期，这个时期不仅充满幸福与满足，同时也存在着明显的不确定性和焦虑。他认为，成人的发展就是在生活模式的不断更新与重组中起伏波动。生活模式是指一个人生活的整体设计规划，包括心理特征、社会关系以及工作生活。当个人的需求与社会的需要相一致时，此时的生活模式就是最令人满意的状态。

◉ 莱文森对青年时期有哪些界定？

青年时期最初阶段（17—33岁）是青年人开创自己生活模式的初期，可以说这是一段比较困难的时期，因为青年人没有许多生活经历，只能依靠自己对美好生活的憧憬做出选择。在30岁的过渡期，青年人可能开始审视评析目前的生活。作为成年人，他们平生第一次既有过去又有未来，他们把最初的生活梦想与现实生活进行对比，进而思考个人生活模式中哪些地方需要调整改进。顶峰阶段是33—40岁，之前的生活规划有了成果。正如生活的本来面目一样，成人在这个时期既有失望也收获到喜悦。当成人过渡到下一个时期——中年时期时，这个顶峰时期也将随之结束。

▶ 埃里克·埃里克森的哪些性心理阶段属于青年时期？

埃里克·埃里克森认为青年时期是人们在亲密与孤立之间挣扎的时期。他相信这一阶段取决于前一阶段对身份和孤立成功地做出决断。埃里克森相信为了建立一段忠诚、亲密的关系，人们有必要确立一个稳定的个人身份，即安全的自我意识。在亲密的伴侣关系中，一个人必须向另一个人敞开自己的身份。在某种程度上，亲密关系包括自身感觉与他人感觉的相互融合。如果没有建立安全的自我意识，那么就会威胁到两人的关系，导致第三者的出现。当人们在一段感情中害怕失去自我时，就不会发展亲密的关系，不会投入感情。因此，他们可能会转而投入到一些比较随便的临时感情关系中，或者避免从一而终的伴侣关系。有趣的是，后人的研究支持了埃里克森的这些观点。对自身价值和目标越坚定的人，越可能在亲密关系中保持忠诚，并更愿意投入到一段认真的感情中。

▶ 根据罗杰·古尔德的观点，青年时期的成长任务是什么？

罗杰·古尔德（Roger Gould）是一位在成人发展方面著有大量著作的精神分析学家。事实上，盖尔·希伊（Gail Sheehy）的畅销书《人生变迁》（*Passages*）在很大程度上就是以古尔德的研究为基础的。像莱文森一样，古尔德把成人发展定义为呈现一系列可预测的阶段。古尔德对成人理解他们的人生选择的方式以及这种方式如何在人生中发生改变特别感兴趣。古尔德提出青年时期（18—35岁）的特点就是随着时间的推移很多不切实际的心理幻想慢慢消失。他对绝对安全的幻想尤其感兴趣。

人通常都害怕死亡，我们的动力是追求生命。一想到生命的消失或死亡，人们就会感到恐惧。童年的时候，绝对安全的幻想来自对理想化父母的依靠，父母被儿童看作是无所不能的保护者和对抗死亡的全能监护人。在青年时期，绝对安全的幻想则转变成对一条适合自己的人生道路的幻想。这条路通向人生的成功，通向绝对安全。青年人焦急、不顾一切地寻求这条正确的路，害怕失误、害怕走错方向。只有到了中年时期，当人们从感性和理性层面认识到死亡的时候，才会放弃对这样一条正确道路的幻想。

中年时期（40—60岁）

▶ 中年时期的主题是什么？

在之前的各个阶段中，个体都在走向成熟。而到了中年时期，个体已经达到了成熟。人在中年时期已经完全成为一个成人。然而，人们从这一阶段开始就必须要面对自己的身体逐渐衰老的事实。中年人虽然还有相当多的活力和精力，他们的心智也还能够继续成熟，但是身体上日渐衰老的迹象却显而易见。从中年时期开始，人们的肢体力量和精神状态都不如从前，身体经常出现一些不适的状况，而且也不易很快恢复，感觉器官逐渐迟钝，大脑的反应也开始渐渐变慢。然而，中年时期也有许多令人欣慰的地方。多年的生活经验让中年人更有智慧，并能够将外部世界理解为一个整体的系统。同时，他们在情感上也更加成熟，会以一种更温和、更周密的方式理解自己以及他人的情感。在中年时期，人们虽然不再年轻，但却更具智慧。

▶ 中年时期会有哪些身体方面的变化？

尽管中年人仍然具有日常活动所必需的身体素质和相对充沛的体力，但衰老的迹象却初露端倪。体瘦的人的数量在减少，肌肉和骨骼也开始退化，而同时脂肪却在增加。平均来讲，从青年时期到中年时期，女性的腰围会增加30%，男性会增加10%。中年人的皮肤也开始衰老，弹性渐渐消逝，皮肤慢慢松弛，皱纹也随之出现，头发也因毛囊中黑色素的减少而变得花白。

同样，人们的生殖系统也开始渐渐衰老，尤其是女性。平均来讲，女性的更年期出现在51岁左右，但大部分女性在更年期到来之前的几年时间里就会体会到荷尔蒙的变化。这些变化会影响她们的睡眠、体温调节、骨密度以及性功能。值得一提的是，一些与健康有关的行为会在很大程度上影响到中年人的身体状况。合理的饮食（比如摄入充足的水果、蔬菜、全麦食品以及瘦肉蛋白等）、常规的锻炼以及拒绝吸烟和减少饮酒等都能在很大程度上缓解衰老所带来的影响。

▶ 中年时期感觉器官会出现哪些变化？

"老花眼"是中年时期一种非常常见的衰老特征。中年人眼睛的水晶体变得不如从前那样灵活，使得他们看不清近处的物体。40多岁的人往往会觉得阅读是一件很吃力的事情。他们非得把要看的东西拿得很远才能看清上面的字。于是，这个年龄段的人第一次为自己买了一副老花镜。另一方面，虽然不像视力衰退那么明显，但中年人的听力也确实开始衰退，渐渐会听不到一些频率比较高的声音。关于听力丧失的话题，将会在稍后的老年时期有所提到。

▶ 中年时期的认知系统有何变化？

当谈及中年时期的认知变化时，我们有必要先区分一下液态智力和晶态智力的含义。液态智力是一种与基本心理过程有关的能力，是一种以生理为基础的认知能力，如注意力、记忆力、运算速度等。而晶态智力是通过掌握社会文化经验而获得的智力，如常识等记忆储存信息、词汇概念、言语理解、社会习俗知识等。液态智力在中年时期呈缓慢下降的趋势。中年人处理新信息的速度变慢。试想一下对于同一种新技术，青少年总是非常容易地掌握而中年人则会吃力得多。但在另一方面，人的晶态智力在整个中年时期将会一直保持相对稳定的增长。事实上，一些复杂的推理、语言能力及空间信息处理能力会在中年时期达到顶峰，而只有到了老年时期才会逐渐减弱。

▶ 中年时期认知系统的哪些方面得到了改善？

虽然人脑的运算速度在中年时期开始逐渐减慢，但中年人对周围世界的认知却更加深刻和准确。青春期少年和青年人能够比中年人更有效率地加工处理相对独立的信息，但是他们几乎没有什么背景知识可以用于理解待加工的信息。与之不同的是，中年人对外部世界有着更丰富、更宽阔、更完整的理解，而且中年人所具有的将未知事件拆解成已知事件的能力能够弥补他们液态智力的减退。例如，如果一位象棋大师发现棋局的某一部分棋子布局是自己很熟悉的，那么，他就没有必要去记忆每一颗棋子的位置。

中年时期会显露出哪些情绪变化？

中年人的情绪变化通常会呈现出这样的趋势：他们变得更沉着冷静，不再冲动，情绪反应不像年轻时那么强烈。由于他们必须承担许多责任，因此经常感到很有压力，但他们相对来说不太会像青年人那样为令人苦恼和焦虑的生活所累。他们对外部世界作为一个整体有了更深刻的理解，这使得他们能够全面地看待生活中的各种事件。当人们能够把目光放得远一些时，他们就会感到任何事物都是可以接受的，这就减少了他们的情绪波动。另外，中年人拥有更开阔的世界观，使他们能够更好地理解任何特定事件的深层含义，也能够预想到可能出现的结果，从而缓解了可能出现的冲动。

为什么衰老让人们觉得时间似乎过得更快？

中年人会经历许多令人惊讶的变化，其中之一就是对时间有了不同的主观感受。对于一个孩子来说，1小时好像就是永恒，将来好像永远都不会到来。到了青年时期，时间虽然开始加速向前，但青年人仍然觉得时间是相对静止的。虽然未来只存在于理论中，但只有"今天"才是真正存在的。

相比之下，到了中年时期，每一年似乎都变得很短暂。时间越过越快，就好像是人们走在一个会动的人行道上一样，而周围的景物也在随着人们每向前迈出一步而加速向后。由于这种感觉的出现，中年人很少觉得时间是静止的。他们在不断变化的感受中体会着自己和外部世界。"今天"正在消逝，而"明天"似乎马上也要过去。他们也经常对"今天"变成历史的速度感到惊讶。"那是20年前的事么？都20年了？""这些衣服过时了？我可是才买没几天啊！"

中年时期面对死亡会带来怎样的影响？

在中年时期，人们心理发展的一个主要方面就是对死亡的认识发生了变化。正如一些理论学家指出的那样，在青春期和青年时期，死亡最多也不过是理论层面的问题。青少年认为自己与死亡毫无关联，因此总会鲁莽地做出一些危险的事情。到了青年时期，死亡还是抽象的概念。虽然青年人不再像青春期少年那样认为他们是不会死的，但他们也无法全面地感受到死亡的真实存在。

在中年时期，死亡变得更加真切。很多上一辈的人渐渐离开人世，包括自己的父母、亲人、朋友和同事以及朋友的父母，甚至一些同辈人也会不幸离去。在如此直接遭遇死亡的情况下，死亡再也不会只是一种抽象的概念了。

对一些人而言，在中年时期就感受到死亡的威胁可能会导致他们对衰老和生命的结束感到恐慌，而且无法接受这样的现实。面对死亡，比较理想的做法应该是人们能够更全面地认识到生活中什么才是重要的，并且重新调整生活的重心。值得一提的是，这些讨论适用于当代社会的人们，他们在中年时期之前都很难接触到死亡。然而，在人均寿命较短的社会中，人们对于死亡的理解和感受可能会与我们有很大的不同。

▶ 这一时期人们对于生活中的选择的看法有了怎样的变化？

青年时期，我们有广阔的视野，不管眼下发生什么，未来都能实现自己的目标和理想，认为仍有时间结婚生子，开创事业。但到了中年时期，选择的范围逐渐变窄，可用的时间也在减少，生命中的种种可能性也愈发变得不可能。尽管仍然存在着改变自己人生轨迹的可能，但或许已经不值得付出那么多的时间、财力和精力，而一些机会也已经错过。女性更年期后就无法再生育。有些人可能纠结于此不能自拔，有些人在错失机会后可能感到愤怒和失望。乐观来讲，一个人只有勇于面对生命中的诸多局限才会促进心理上更加成熟。生活不是像我们想象的那样，所以不可避免地要做出痛苦的决定，会遭遇失败，要重新界定什么对生活才是最重要的。

▶ 中年时期的自我意识会发生怎样的转变？

中年时期的自我意识比青年时期更加清晰明确。中年人经历了生活的风风

雨雨,生活的体验愈发使他们清楚地认识自己,认识自己的过去和未来。因此,中年人比青少年有更好的自我认识。在一定程度上,他们经历过成功,战胜过挑战,成就过目标,因此对自己也有了一定的信心。

人到中年,不得不面对自身的局限,年轻时的梦想必须向现实生活妥协。中年人渐渐接受了理想与现实的差距,因此他们更多地悦纳自我,内心变得更加强大。他们有一种从年轻时充满期望的抱负中得到解脱的感觉。然而,生活往往并不会像他们想象的那样,如果中年人不能接受这样的事实,那么他们将会感到极度的压抑、愤怒、沮丧和羞愧。

▶ 为什么中年时期成为通常意义上责任最重大的一段时期?

无论在家庭中还是在事业上,中年时期都是承担责任最多的一段时期。在这一阶段,由于子女仍与父母同住,所以中年人还必须继续承担着抚养子女的责任,而同时自己的父母又逐渐衰老,也需要他们更多的照顾。另外,由于中年人先前的经历及其成熟的心智,所以他们在工作上也被赋予了更大的责任。在这一阶段,很多人被提拔到了管理岗位。这让我们联想到埃里克森成人发展理论中的"中年时期的心理阶段"——创造性与停滞阶段。按照他的观点,创造性包括为自己的下一代以及整个社会提供照顾和指导。

▶ 中年时期养育子女会遇到哪些典型的挑战?

青年时期,抚养子女的挑战主要来自承担起每天照顾孩子的责任,而到了中年时期,父母则需要学会如何"放手"。如果孩子已经是青少年,父母就需要在适度看管的情况下给他们一定的自由,不受父母的控制。由于很多青少年做事情不考虑后果,判断是非的能力又远不成熟,所以对父母来讲,在"管"和"不管"之间找到合适的平衡就是一项很具挑战性的任务。父母投入了十多年的时间养育子女,子女一旦独立他们总有一种失落感。中年时期的父母应该在生活中寻找实现自我价值的一些新领域,不单单是承担养育孩子的角色。这样做是为了确保父母所承担的养育子女的角色不会影响子女成长过程中对更多独立空间的需求。

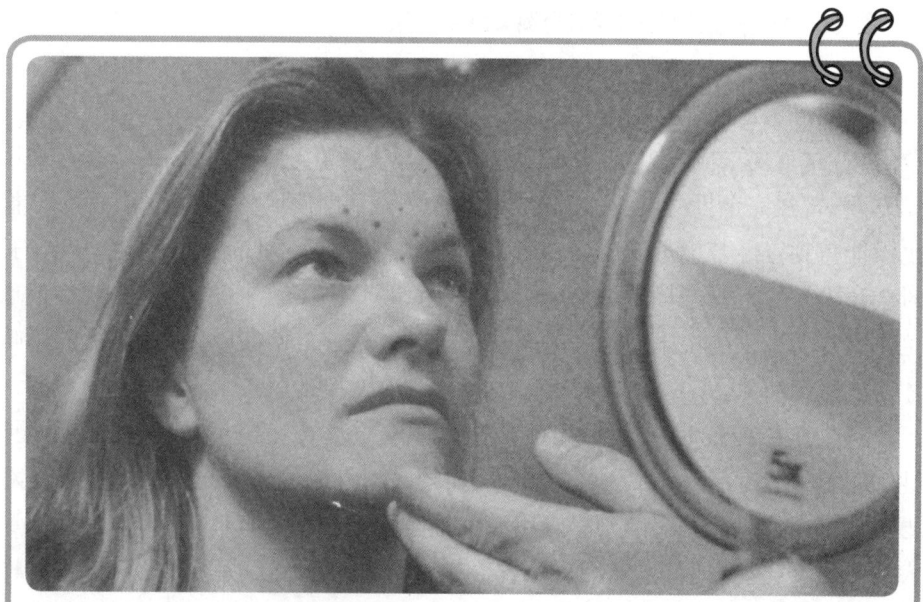

中年时期的一个主要挑战就是面对死亡和青春不再的事实。现代的医学技术,诸如整容手术、注射胶原蛋白或肉毒杆菌等,能够延缓容颜的衰老。然而,过度依赖这些技术却会使衰老更令人难以接受。中年人的成熟本应体现在能够理解和接受生活中许多无法避免的事情,而对衰老的抵制,反而使这些中年人看起来不够成熟。(图片来源:iStock图像)

▶ 中年人与自己父母间的关系发生了怎样的变化?

绝大多数的中年人将会面对自己父母的衰老甚至是死亡的事实。随着父母的身体和大脑的衰老,作为子女的他们必须承担起照顾父母的角色。根据家庭情况的不同,他们承担起这种角色的时间也不尽相同,但这种父母被子女照顾的角色互换却是不可避免的。尤其是在现今这个工业化的社会,夫妻双方都在外工作,照顾老年人所遇到的经济、医疗和看护等方面的问题都是相当复杂的。

从心理学角度来讲,年迈的父母与成人子女间角色的互换是相当困难的。除了照顾老人这项新的责任所带来的压力之外,中年人对父母的衰老也会感到难过。尽管中年人已经心智成熟,并且肩负着重要的责任,但仍然会因为不再能够"依靠"自己的父母而感到伤心。曾经的孩子现在长成了大人,而曾经的父母却开始需要孩子的照顾。

▶ 罗杰·古尔德对中年时期有哪些看法？

依照古尔德的观点，中年时期衰老和死亡问题的出现动摇了人们的绝对安全幻想，这就要求成人重新审视工作、婚姻、家庭和其他许多方面的关系。在工作方面，曾经完全投身事业、追求成功的人意识到即使成就了自己的目标，他们也没能得到曾经梦想过的成功。名誉、权利以及财富都不能换来永生。工作有时会让人坐立不安，其结果也并非尽如人意，所以，只有当工作的动力来自追求工作本身所带来的快乐而不是为了获得升迁和最终的解脱时，那些消极的影响才可能得到消除。

当古尔德在20世纪70年代提出这些理论的时候，这一动机仅仅适用于男性（尤其是比较有经济实力的男性）。而当时女性的绝对安全幻想更多的是对男性的完全依赖而获得的。尽管很多女性困扰于自己没有自主权，但是获得更大的自由又会让她们头疼，因为那样会摧毁男人是她们无所不能的保护者这样令人欣慰的幻想。无论人们如何坚持绝对安全的幻想，试图保护自己远离死亡的想法都不可避免地要付出更大的心理代价。对不愿见到的事实假装视而不见会导致人们缺乏阅历，造成人格缺陷。幸运的是，在中年时期人们通过开始思考远离死亡的问题，从而获得机会来增强自身的心理潜能。

老年时期（60岁及以上）

▶ 老年时期会有怎样的心理变化？

中年时期开始的心理变化到了老年时期得到了进一步的加强。人们在中年时期所担心的、不愿发生的事，到了老年时期将会每天都为其所扰。但重要的是我们应该区分开这一时期的每一个不同阶段。研究老龄化的专家认为，老年时期的初期阶段在60—75岁之间，中期阶段为75岁以上，有些专家还把85岁的老人归为老年阶段的末期。处于初期阶段的老年人总的来说仍然精力充沛，然而年龄再大一些的老人身体机能则开始下降，生活中的一些活动会大大减少。

老年时期身体会发生哪些变化？一些观点认为，体内细胞开始老化的现象导致了人体的衰老。脱氧核糖核酸（DNA）与核糖核酸（RNA）的再生能力逐渐下降并开始退化；随着神经再生（新的神经元的形成）的减慢以及大脑组织的普遍萎缩，脑细胞也开始退化；肌肉松弛以及骨密度的降低致使肌肉骨骼系统退化；眼球晶体逐渐变厚，视力开始下降；上了年纪，尤其听力受到影响，80岁以上的老人中有65%的人即使对方提高音量也还是无法听清楚。交流的困难让老年人觉得自己与社会有隔离的感觉。

此外发生变化的还有胃肠系统、心血管系统、呼吸系统和内分泌系统。这一时期，像糖尿病、高血压、关节炎等一些慢性疾病开始找上门来。当然这一时期也不只是存在消极方面，仍然有大量可操控的生活方式因素让老年人获得更多的健康与幸福，其程度甚至超过了青年时期，像适度的身体锻炼、合理的饮食、乐观的心态、积极的心理暗示以及健康的社会关系等都能使老年人的身体机能处于最佳状态。

▶ 老年时期需面对哪些心理挑战？

老年时期是生活的最后阶段，一般持续30年左右（有些持续更久）。尽管老年时期可以持续很长时间，但它仍然是整个生命的终结。这个阶段的成人会开始审视自己走过的路，对整个生命历程有所体会。人到晚年必须面对的无法逃避的现实——死亡，并欣然地接受死亡。老年人要应对生命中逝去的一切：充沛的精力、健康的体魄、年轻时的职责与责任甚至已逝去的爱人。

幸运的是，老年人通常拥有强大的内心，可以应对那些令人却步的心理挑战。许多研究表明心智发育的过程会跨越人的整个一生。一般来说，与青年人相比，老年人常抱有积极的处事态度，不易产生消极的情绪反应，很少以自我为中心。老年人积淀的智慧使他们能够欣然面对生活中经历的起起伏伏。

▶ 老年时期比之前的人生阶段经历更多的抑郁吗？

实际上，老年人并不像青年人那样经常感到抑郁，但是正如很多研究证明的那样，一旦老年人感到抑郁，他们受到的消极影响会比青年人更大。老年时期，很多事情会逐渐失去，比如工作、健康、社会地位和社会角色，同时还可能遭

受失去爱人的痛苦。失去这些将必然导致人们有时会有一种突如其来的抑郁感。另外,老年时期身体不适的状况经常发生,比如中风、阿尔茨海默症等,这些也都会使老年人产生一些抑郁的症状。在某种程度上,老年抑郁症不同于青年人所患的抑郁症。

老年人的抑郁通常通过身体上的疾病(比如一些身体上的不适)表现出来,他们的睡眠质量较差,体力、主动性以及胃口也大不如前,甚至身体会变得非常消瘦。由此导致的自我忽视可能会使抑郁的老年人有生命的危险。同样,自杀也是一个严重的问题。事实上,在65岁以上的白人男性人群中,自杀的风险高出总体水平的5倍。然而,尽管失去的事物会越来越多,但总体上来说,由于老年人具有更好的情绪控制与应对的能力,所以他们还是不会像青年人那样经常感到抑郁和沮丧。

▶ 变老会带来哪些好处?

若有经济、医疗和社会方面的充分支持,由于老年人既不用承受很多责任上的压力,又在心智上越来越成熟,他们的生活将非常美好。很多研究者都在探讨智慧这一心理结构,即更好的情绪调节、判断是非的能力、认识世界的方式以及对他人情感的理解等。随着年龄的增长,冲动、鲁莽以及情绪上的反复无常将会逐渐减少,同时,站在别人的角度看待问题的能力会得到提高。在很多文化中,长者通常会给出睿智的建议,受到人们的尊重。如果老年人的身体状况相对较好,尤其是在刚刚步入晚年生活的阶段,他们的业余生活会更加愉快。

▶ 成人发展理论学家关于这一时期有何看法?

埃里克森将人生的最后一个阶段称作自我完整与失望时期,他的这种提法是指这一阶段的人们正面对着生活的尽头。生活中的许多决定已经做出,生命也已经过了大半,其中既有过失望也有过收获。当人们能够将自己的生活看成一个整体,无论失望还是成就,都能将其作为完整生活的一部分而欣然接受时,他们就实现了自我完整性。如果人们在老年时期仍无法接受失望和破灭的梦想,那么他们则会深深地陷入绝望之中,因为生活即将走到尽头,而机会也不会再次降临。

埃里克森的妻子琼(Joan)后来又为年龄更大的老年人增加了一个阶段,

她称之为超龄阶段。在这一阶段，人生已过耄耋之年，开始能够看到生命范围之外的事物。生命的尽头近在咫尺，他们开始不再将自己看作是一个独立存在的个体，而开始把自己包含在一个更大的外部世界中。这个世界在他们百年之后仍会继续存在。相关的研究表明，老年人往往比青年人更多地参与到宗教活动中。其他一些理论学者，比如海因兹·科胡特（Heinz Kohut）、丹尼尔·莱文森以及伯尼斯·诺嘉顿等，也讨论过老年时期人们的生活需要，他们既要接受生活带来的好与不好，也要面对衰老、自身社会角色的丧失和即将到来的死亡。

▶ 退休对人的心理产生哪些影响？

人们一般在65岁退休。对于已经工作了40年的人来说，退休是生活状态上一个极大的转变。对于一些人来讲，尤其是那些没有太多兴趣爱好或者工作以外的社会交往的人，退休让他们失去了很多，因此心理上可能会很难适应。然而，对于另一些人而言，退休给他们带来的却是很多美好的可能：他们可以利用这段时间去培养新的兴趣爱好，找回青年时代的激情体验，与朋友和家人共度美好时光，做一些志愿者工作或有意义的社会兼职来回报社会。人们提前为退休后的新生活做好打算会直接影响他们对退休生活的适应程度。当然，能否适应退休生活还取决于人们的经济来源和身体状况等，而这些方面反过来又取决于与退休金和医疗方面相关的社会政策。

在发达国家，人口的平均寿命比从前有了较大程度的延长。相关预测结果显示，在未来的几十年中，65岁以上和85岁以下的人口比率将显著提高。例如，根据美国人口普查的数据，在1900年65岁及以上的人口数量占总人口的4%，85岁及以上的人口仅占0.1%；而到2050年，这两项统计数据的比率将分别达到20%和4.8%。这种变化使人们担心政府和企业是否有能力为人们提供充足的退休金。延长寿命所考虑的首要因素就是要消除人们的这种担心。

医疗技术、营养科学以及生活方式等方面的进步既延长了人们的寿命，又增强了人们的活力，这使得老年人的数量越来越多，尤其是刚刚步入这一阶段的六七十岁的老年人。事实上，很多人在退休之后又找到了其他新的工作，包括全职、兼职或志愿者工作等。

► 这一时期，人们面对死亡发生了怎样的变化？

中年时期，人们开始切实感受到了死亡的存在，而到了老年时期，人们则即将面对死亡的发生。中年人可能需要面对自己父母和父母的同龄人的离世，而老年人需要面对的则是同龄人的离世，比如他们的伴侣、兄弟姐妹或者交了一辈子的老朋友。中年人真切地面对着未来生活中的死亡，而老年人则知道自己已经到了生命的最后一程。当然，晚年时光是可以得到充分利用的。在65岁的时候身体仍然健康的老年人有可能活到80岁以后（根据美国人口普查局的数据，男性的平均寿命为81岁，而女性的平均寿命为86岁），但是对于90岁以上的老年人，他们确实会面对即将到来的生命的尽头。

► 哪些因素有助于老年人积极适应这一时期的生活？

许多因素能够帮助老年人适应晚年生活，其中的大部分因素在之前的几个阶段也都有同样的作用。首先，社会支持仍然至关重要。尽管随着年龄的增长，人们的社会交往群体在逐渐减小，并且很多老年人更愿意把时间放到与家人和老朋友的相聚上，而不太愿意与一些点头之交有更多的相处，但是，社会关系的质量仍然对于个体的幸福感具有重要的影响。其次，参与一些有意义的、令人满意的活动，比如自己爱好的活动、创造性的工作、志愿者服务甚至兼职工作，都是晚年生活满足感的重要来源。

参与某种富有成效的工作会提升人们的自尊心和归属感。尤其是在退休之后的生活中，有必要参加一些有组织、有意义的活动，来代替从前从工作中获得的生活目标、生活方式以及自身的角色。锻炼身体也是一件非常有益的事情。即使每天散步30分钟，也能够带来很大的益处。锻炼身体有利于增强心脑血管、肌肉以及骨密度的抗衰老能力。通过锻炼身体，老年人能够自由活动，生活能够自理，从而获得这段时期的满足感。

通过锻炼身体得到改善的心脑血管系统也会保护大脑功能和认知能力。已经有足够的证据表明，锻炼身体能够预防阿尔茨海默症。事实上，研究者已经证实，运动能够提高体内一种名叫脑源性神经营养（细胞诱向）因子的化学物质，这种化学物质反过来还可以促进人的大脑中新细胞的生长。

▶ 近几年美国老年人的生活有了怎样的变化？

老年人适应当今社会深刻变化的表现之一就是他们越来越多地参与到了从前只与青年人有关的活动中。医疗技术的进步促使老年人的身体状况得到改善，使他们有可能参与社会活动。社会上出现了各种各样的组织来满足老年人社会角色转变的需求，比如：指导老年人锻炼的培训机构；为退休人士提供的继续教育组织；专门为老年人提供的志愿者工作，甚至还出现了招待老年旅行者的老年人宾馆。

▶ 在不同历史时期和不同文化中，老年人的角色有何变化？

在许多传统文化中，老年人在社会中受到人们的高度尊敬。人们在很多方面都会听取他们的意见，尊重他们的智慧。在几代人生活在一起的大家庭中，老年人总是帮助家族照顾孙辈，而当他们年事已高、生活不能自理的时候，年轻的家庭成员（主要是女性成员）则会开始照顾他们。然而，在大多数现代工业化社会中，家庭结构出现了极大的变化。在很大程度上，核心家庭已经代替了大家庭。人口的流动性越来越强，居住地也频频更换，子女长大成人之后，可能生活在与父母相隔几百或几千千米的地方。此外，女性上班族也没有足够的时间全职照看年迈的父母。

因此，老年人的社会地位经历了改变，而这些变化产生了两个方面的影响：首先，社会上出现了越来越多由政府资助的养老机构，包括敬老院、托老所、家庭医疗以及老年人的日托中心。其次，老年人开始从事和参与到很多从前只与中年人、青年人有关的活动中，比如旅行、体育运动、继续教育和一些有偿或无偿的工作中。今天的老年人，无论是身体上、经济上还是社交上，比上一辈人更加积极、活跃。

▶ 老年时期人的认知发生了哪些变化？

与中年时期一样，老年人的液态智力（计算速度、工作记忆和复杂关注等）

继续衰退,而晶态智力(记忆储存信息、语言技能、词汇等)则仍然在较长的一段时期内维持在一个稳定的水平,这也是上面讨论过的老年人智慧受到尊重的原因。最终,人们在90岁以后,晶态智力也可能开始衰退。虽然我们知道人类的智力会随着衰老而渐渐退化,但是严重的智力衰退并不是正常衰老的一种现象,而是老年痴呆症的病症表现。

▶ 什么是老年痴呆症?

老年痴呆症指的是智力能力的丧失,通常涉及记忆力、空间感知技能和管控功能(计划、抽象思维、自我监控等)等。最常见的老年痴呆症有两种形式:都是脑神经细胞退化性的痴呆症,在医学上称之为阿尔茨海默病和血管性痴呆症。阿尔茨海默症的生物特征是淀粉样蛋白斑和神经原纤维缠结并积聚在神经细胞(大脑细胞)内部及四周。这种病起初表现为记忆缺陷,随后演变为大范围的认知缺陷,最终导致生活不能自理。血管性痴呆症由脑血管疾病引起,比如中风导致的大脑供血中断等。

老年痴呆症对60岁以上的人来说并不太常见(10%左右),而对于80—90岁的老年人来说则较为普遍。据统计,85岁以上的老年人中有一半人患有阿尔茨海默症。因此,实际上所有家庭在某种程度上都会接触到老年痴呆症的患者。这种情况的社会意义相当重大。患有严重老年痴呆症的患者需要每天24小时的照顾,这给普通家庭在情绪上和经济上带来了极大的压力。考虑到整个工业社会中日益增长的老龄人口,在未来几年,大量的资源将用于老年人的看护方面。

 ▶ 什么是修女实验研究?

修女实验研究是针对老龄化和阿尔茨海默症而进行的一项颇有吸引力的实验研究,是在美国明尼苏达州曼卡多市的一个修道院的退休修女中展开的。相同的宗教信仰和近乎相同的生活模式为流行病学的研究(关于总体的健康和疾病模式的研究)提供了最优良的研究基础。虽然可

能有潜在的、复杂的变量干扰研究，比如吸烟、饮酒、医疗条件以及收入差异等，但研究结果仍然具有很高的可信度。

大卫·斯诺登（David Snowdon）主持了此项研究。自1991年起，他对678名修女开始进行跟踪观察，他先后进行了认知机能和健康状况的测验。令人兴奋的是，修道院保留了这些修女自十几岁或二十几岁进入修道院后所做的文字记录。最终，修女们同意在她们死后将她们的大脑用于解剖实验。这一点对于此项研究极其重要，因为目前只有通过大脑解剖这一方法才能确定人们是否患有老年痴呆症。

尽管这项研究还在继续，但已经取得了一些重要的阶段性成果。首先，修女在少年时期和青年时期所做的文字记录会对什么样的人将来更可能患老年痴呆症提供了研究线索。研究发现，那些日常说话语句复杂、思维敏捷并持有乐观情绪的修女，到了60岁时不易患上老年痴呆症；另外受过高等教育的修女也不易患上老年痴呆症。然而，单单从这些数据中，我们无法找出老年痴呆症的原因和后果。难道这些文字记录仅反映出老年痴呆症的早期症状？抑或良好的生活习惯是预防老年痴呆症的最好方法？

大脑解剖的数据为这个耗资6.4万美元的研究提供了线索。尽管由于神经原纤维缠结和淀粉样蛋白斑的出现所产生的大脑受损与大脑认知能力的下降呈相关关系，但也并非完全相关。也就是说，也有些修女的大脑受到了严重的损伤，但并没有痴呆症状。事实上，58%的患有轻度脑损伤的修女和32%的患有中度脑损伤的修女并没有表现出记忆缺陷。

研究人员得出结论：大脑中有某种"认知保护区"存在，在面对脑部疾病时会保护大脑机能免受损伤。他们相信有很多因素能够增强人们的认知保护，如增加大脑中的神经元网络活动（或是强化脑细胞间的交流）和保持脑血管畅通无阻。这些因素其实与个人所受的教育、乐观的情绪、健康的心态及健康的饮食（尤其是维生素和叶酸的摄入量）密不可分。脑血管健康极为重要，因为中风会显著地降低患有老年痴呆症的修女的认知行为能力。

生命的尽头：面对死亡

▶ 什么是死亡学？

死亡学是指围绕死亡所进行的研究。在经历了许多的社会变化后，人们对死亡和生命终结的本质与质量表现出浓厚的兴趣，至少在发达国家是这样。这些社会变化主要体现在：老龄化人口不断增加，文化上的转变使人越来越能够接受一些沉重的话题，从绝症发病期到死亡的时间间隔在不断延长等。死亡学家与健康医疗系统共同配合，旨在帮助垂危的患者走好人生的最后一段路，同时减轻其家属的痛苦。

▶ 怎样才能做到"善终"？

大量的研究发现有很多因素影响死亡过程的质量，即有很多因素影响人的"善终"。所有的研究都表明这一过程牵扯到诸多因素。最首要的一个因素就是涉及患者身体痛苦的问题。对于垂危的患者及其家属来说，在患者生命的最后时刻，首要的是解除患者身体上的痛苦。与之相应，医学上已出现了缓痛治疗这一技术领域，旨在帮助绝症患者解除身体痛苦。

其他因素包括社会因素、个人心理因素和精神因素以及为死亡做了何种准备等。社会因素指的是家庭成员的鼓励、支持和凝聚力（或者相反，家庭成员间的种种矛盾）。心理因素涉及个体看待生命终结的方式，以及如何理解和接受死亡。理想化的是，人在临近死亡时会相对平和。精神因素方面，人的精神需求在这个时候极度敏感，宗教信仰有关人死后来世的想法或者个人与整个世界的密不可分的观念会令人深感宽慰。为死亡做的准备包括对医疗事务、法律事宜以及财产分配的处理等。

▶ 在死亡过程中，死亡学家希望起怎样的作用？

许多死亡学家对死亡过程中希望起到的重要作用给予肯定。在生病的最初阶段，人们希望康复，希望战胜疾病，或者至少希望活得久一些。当死亡的现实步步逼近时，希望的本质发生了转变。由最初的摆脱死亡转变成发现和领悟死亡的意义，最终达到更高境界的信念：生命的价值已得到体现，要有尊严地、坦然地面对死亡。

▶ 伊丽莎白·库柏勒-罗斯理论中悲痛的5个阶段是什么？

伊丽莎白·库柏勒-罗斯（Elisabeth Kübler-Ross, 1926—2004）是最早提出悲痛的阶段论的死亡学研究者之一。她研究的对象是一些绝症晚期的患者。尽管她因为自己的研究对象而遭到批评，但是她对悲痛5个阶段的描述在学术界却有着很大的影响，她对人们悲伤时所经受的各种情绪体验做了总体概述。她提出的悲痛5个阶段包括：拒绝、愤怒、交涉、沮丧和接受。

第一阶段是"拒绝"阶段。当人们刚刚听说自己患了不治之症的时候，他们往往感到震惊，并且拒绝接受这一事实。第二阶段为"愤怒"阶段。人们在知道自己患了绝症时通常容易产生愤怒情绪。这种愤怒情绪可能会发泄给他们的医生、家人甚至是他们自己，似乎想要为自己找到一个出气筒，把自己因病情而产生的愤怒全部发泄出来。下一阶段为"交涉"阶段。他们试着跟医生、朋友、家人甚至上帝进行交涉。他们相信自己能够通过一些"好的"行为来改变最后的结果，因此他们试着保持对自身行为的控制。而当死亡的事实最终降临时，他们会感到"沮丧"，即第四阶段。最后，他们不得不接受这一毁灭性的事实。至此，他们到达了最后一个阶段——"接受"。在这一阶段，他们坚定、平和地面对生命的尽头。后续研究表明，不是所有的人都会经历这5个阶段，也不是所有人都按着上面的顺序逐一经历这5个阶段。然而，很多人确实经历了库柏勒-罗斯提出的悲痛的5个阶段。

▶ 其他理论学家对于悲痛有哪些观点？

其他很多理论学者沿着库柏勒-罗斯的研究继续着关于悲痛过程的探索。在20世纪60—80年代期间，约翰·鲍尔比（John Bowlby, 依恋理论的创始人）与科林·默里·帕克斯（Colin Murray Parkes）合作，将库柏勒-罗斯的悲伤的5个阶段论发展成为4个阶段。然而，由于他们关注的是绝症患者的亲人而非绝症患者本身，因此他们的研究与库柏勒-罗斯最开始的研究不同。

他们的研究所提出的4个阶段如下：震惊和怀疑、寻找和思念、崩溃和绝望、重建和恢复。也就是说，人在痛失亲人之后，一定会经历一系列的过程：认识到亲人离开的事实，承受着亲人离世所带来的巨大痛苦，然后渐渐重新建立起新的生活与人际交流，在失去亲人之后继续生活。J. 威廉·沃登（J. William Worden）也发展出自己的一套类似的理论体系，但相比于各个阶段，他更关注于悲痛。按照他的观点，人在痛失亲人之后一定会经历4个阶段：接受痛失亲人之苦，饱受痛苦煎熬，适应失去亲人的生活环境，把对逝者的思念深埋在心里继续生活。其他一些理论学者，比如罗伯特·尼迈耶（Robert Neimeyer）和艾伦·沃尔弗特（Alan Wolfelt）在著作中也提到了相关的问题，比如人们在失去亲人之后重构自己的身份，并且将逝者从日常生活中转移到自己的记忆中等。

◉ 有关于悲痛过程的研究吗？

尽管存在着大量关于悲伤过程的理论，但是并没有很多实际的科学研究数据。在2007年，保罗·马切耶夫斯基（Paul Maciejewski）和他的同事们共同发表了一项研究。这项研究以233名失去亲人的个体为研究对象，历时24个月。在失去亲人后的头两年时间里，他们对被试亲人的思念、怀疑、愤怒、沮丧和接受进行了3次测量。研究结果显示，在被试者的亲人去世之后，"怀疑"很快达到峰值，随后渐渐减弱。"思念"是对痛失亲人所产生的最明显也是持续时间最长的一种消极情感，在4个月的时间里达到峰值。"愤怒"在5个月的时间里达到峰值，而"沮丧"在6个月的时间里达到峰值。"接受"在全部的悼念期间内逐渐增强。

令人惊讶的是，即使是在最初，"接受"的测量值也比其他所有因悲伤所产生的情感值都高。"接受"的测量值高可能是因为被试者中很大比例的个体在失去亲人时已经年近七旬，他们的亲人是经历了长期的病痛之后才离世的。此外，研究也仅涉及由自然死亡导致的亲人离世。或许青年人和由于非自然原因失去亲人的个体很难接受痛失亲人的事实。尽管此项研究尚不能适用于所有类型的亲人离世，但是它却能帮助我们很好地理解了最常见的死亡所带来的人的典型的悲伤反应。